KB065575

관계의 힘을 키우는

부모 심리
수업

관계의 힘을 키우는

부모 심리
수업

권경인 지음

라이프앤페이지
Life&Page

삶을 이해하는 관계의 발견

가끔 상담에서 완벽주의에 시달리는 사람들을 만나면 이렇게 이야기합니다.

"모든 것이 완벽한 상태보다 더 완벽한 상태는 내 속에 좋은 것Good과 나쁜 것Bad을 함께 섞어서 내가 견딜 만한 존재라고 바라보는 것입니다. 이것은 비겁한 타협이 아니라 우리가 관계하는 성숙한 방식입니다."

새롭게 책을 펴내는 마음이 남다릅니다. 이 책은 오랜 기간 거절과 설득의 과정을 거친 라이프앤페이지 대표의 제안으로 시작되었고 많은 사랑을 받았습니다. 그리고 이제 다시 『관계의 힘을 키우는 부모 심리 수업』으로 세상에 나오게 되었습니다. 이 역시 몇 년을 공들인 애씀 덕분입니다. 깊은 감사를 드립니다.

여기에 있기까지 저와 함께 해준, 견딜 수 있었던, 때로는 견딜 수 없었던 모든 관계들에 감사를 드립니다. 그들이 저를 여기까지 오도록 빚어내고 이 책을 가능하게 했습니다. 그리고 수없이 견디기 힘든 상황 속에서 저를 일관성 있는 사랑으로 품어낸 나의 신께 감사를 드립니다. 그의 버무림이 저에게는 상담과 일상에서 제가 어떻게 살아야 하는지에 대한 지침이 되었습니다.

여는 글

완벽한 부모이기보다는
그럭저럭 괜찮은 부모를 위하여

저는 사람들에게 제 자신을 소개할 때 상담에 미쳐서 살았다고 말하기도 하고 평생을 상담과 연애했다고도 이야기합니다. 오랜 몰입의 시간 속에서 발견한 것은, 상담에서 가장 중요한 핵심은 '관계'라는 사실이었습니다. 특히 그중에서도 관계의 중요한 축은 부모와의 관계였습니다. 이와 관련된 상담이론인 대상관계 이론을 접하고 이를 대학에서 학생들에게 가르쳐왔습니다. 유난히 이해가 어려운 복잡한 개념들을 공부하고 가르치면서 제 속에서는 이 이야기를 학생들과 상담자들에게만 가르칠 것이 아니라 부모들에게 알리는 것이 필요하다는 생각이 자리를 잡게 되었습니다.

일이 커지고 문제가 터져서 저를 찾아오는 부모들을 보면서는 좀 더 빨리 많은 부모들에게 이 이야기의 중요성을 전하는 것이 필요하다는 책무감이 들었습니다. 쉽고 편안한 언어로 아이와 부모의 심리적 관계의 특성을 설명하는 일을 해야 한다는 마음이 언젠가부터 제 속에서 차곡차곡 쌓여갔습니다.

이 책은 부모의 자기이해로부터 출발합니다. 대부분의 부모는 자신이 아닌, 아이에 대한 이해와 아이를 다루는 기술에 대한 이야기를 선호합니다. 하지만 부모 자신을 알지 못하는 가운데 아이를 양육하는 기술은 거의 실효성이 없습니다. 이 책에서는 부모로서 아이에게 영향력을 끼칠 수 있도록 자기이해를 확장시켜나가야 하는 영역에 대한 중요성을 알리고 이를 설명했습니다. 아울러 아이의 심리적 탄생인 마음의 발달 과정과 이때 필요한 부모의 역할을 제시했습니다. 이런 이해를 바탕으로 바람직한 부모와 아이의 관계 원리, 무심코 지나치지만 아이를 아프게 하는 부모의 특성, 우리가 의식하지 못한 채 건강한 관계와 건강하지 않은 관계를 만들어가는 심리적 이유 등을 다루었습니다. 아이의 마음 문을 열고 아이와 행복한 소통을 하기 위해 부모가 꼭 기억해야 할 의사소통의 원리도 함께 제시했습니다.

이 책을 통해서 저는 완벽한 부모를 기대하지 않습니다. 완벽한 부모는 실현 가능하지도 않지만 사실 좋은 부모가 아니기 때문입니다.

저는 그럭저럭 괜찮은 부모를 기대합니다. 좋은 것과 나쁜 것이 공존하고 버무려져서 함께 있는 현실의 부모, 때로는 서툴지만 또 그런 경험을 통해 아이와 함께 성장하는 실재하는 부모, 언제나처럼 그 자리에서 존재함으로 자녀의 안전기지가 되는 부모라면 충분합니다.

그것이 가장 아름답고 바람직한, 현실적인 부모이기 때문입니다. 좋은 부모가 되기 위해 고군분투하는 엄마 아빠들이 조금 더 일찍 알았으면 좋았을 것들을 전하고 싶었습니다. 수많은 경험을 통해 제가 깨달은 것은 아이들은 완벽하지 않아도 그 자리에서 최선을 다한 부모를 본능적으로 알아보고 인정하는 깊은 관대함을 가지고 있다는 것입니다. '그럭저럭 괜찮은 부모'라면 충분히 훌륭하고 애를 쓴 좋은 부모입니다. 때로는 흔들리고 불안하더라도 그 믿음을 의심하지 않기를 바랍니다. 아이들의 관대함과 우리의 최선이 보다 희망적인 결과로 통합되기를 기대합니다.

이 책이 만들어지기까지 제게 영향을 준 여러 내담자들이 있었습니다. 그들은 관계에 대한 깊은 고민과 통찰을 제게 가르쳐주었습니다. 그들의 이야기는 여러 각도로 각색되어 존재하나 존재하지 않는 형태로 이 책에 등장합니다. 그리고 처음 엄마라는 이름을 가지게 해주었고 지금도 엄마가 되는 과정을 함께하고 있는 저의 아이와 남편에게도 감사를 전합니다. 하나님이 주신 선물인 이들은 저를 그럭저럭 괜찮은 엄마로 만들어가고 있습니다. 관계 속에서 이 많은 이야기를 녹여내도록 제 곁에서 함께한 사랑하는 사람들의 이름 하나 하나를 기억합니다.

차례

1강

나 자신과
잘 지내고 계세요?

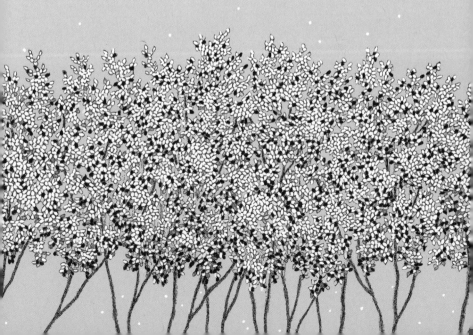

지금이 아니면 할 수 없는 것

부모는 어떻게 하면 자녀를 잘 키울까를 항상 고민합니다. 부모와 자녀 사이를 건강하게 만들기 위해서 우리는 아이에 대해 궁금한 것이 많을 수밖에 없고, 자기 자신에 대해서도 알고 싶어 합니다. 아이를 잘 키우고 싶다는 소망, 아이가 자신이 원하는 삶을 살 수 있도록 힘이 되고 싶다는 마음을 가지고 있죠. 그래서 아이에 대해 공부하고 많은 노력을 기울입니다. 이 책에서는 그중 부모와 자녀 사이에 놓인 심리적인 부분에 대해 이야기를 하려고 합니다. 그리고 제가 중점적으로 풀어갈 것은 바로 '관계'의 측면입니다.

심리적 관계를 설명하기 위해 대상관계이론Object Relations

Theory을 함께 말하고자 합니다. 대상관계이론이라니 익숙하지 않은 이름인데다, 상담이론 중에서도 쉽지만은 않은 이론이기 때문에 어려워 보일 수 있습니다. 생소하게 다가오지만 차근차근 짚어나가면 누구나 이해할 수 있는, 인간심리의 가장 바탕이 되는 이론이기도 합니다.

대상관계이론은 주체인 나와 대상과의 관계가 어떻게 맺어지고 이것이 어떤 과정을 통해 성격을 이루어가는가를 설명하는 이론입니다. 이 이론은 우리의 삶에서 평생 영향을 주는 관계의 시작에서부터 '건강한 관계와 병리적 관계'가 어떻게 형성되는지에 대해서도 알려주고 있습니다.

대상관계이론은 특히 부모와 아이 사이의 관계의 중요성을 짚고 있습니다. 부모와 아이의 관계에 대한 공부를 하고 연구를 하면서, 또 이것을 기반으로 많은 사람들을 상담하면서 생애 초기 관계가 매우 중요함을 뼈저리게 느꼈습니다. 그래서 그 시기를 놓치기 전에 부모에게 미리 알려주고 싶은 마음이 커졌습니다.

아이를 다 키우고 문제가 터져서 어떻게 해야 할지 상담을 하러 찾아오는 경우가 참 많습니다. 그러나 문제가 일어나기 전에 아이와 부모 사이의 관계에서 심리적으로 어떤 일이 일어나는지를 부모가 미리 인지하고 행동할 때 큰 어려움을 겪지 않고 아이에게 심리적으로 좋은 영향을 주어 건강한 관계를 만들 수 있습니다. 저는 이 책에서 부모가 알아야 할 관계 속에 놓인 심리적인 문제들을 가능한 한 쉽게 풀어서 설명하려고 합니다. 부모로서 아이의 심리적인 관계와 지형을 이해하는 것은 아이의 삶이 풍성해지는 데 든든한 밑거름이 됩니다.

몸의 발달만큼 중요한 심리적 탄생

우선 아이의 심리적 탄생과 심리적 자본에 대한 이야기를 하겠습니다. 특히 '관계가 왜 중요한가'에 대한 이야기를 하려고 합니다. 생물학적 출생과 심리적 탄생은 따로 떼어놓고 생각할 수 없습니다. 이것은 각각 분리해서 놓이는 것이 아니라 인간의 발달과 함께 가는 것이기 때문입니다. 아이가 자란다는 것은 몸과 마음이 함께 자란다는 뜻이기도 합니다. 그런데 많은 부모들이 아이가 자랄 때 몸이 자라는 것에만 집중합니다.

우리는 몸에 대한 많은 정보를 갖고 있습니다. 아이가 언제 뒤집는지(3~4개월), 이유식은 언제 시작하는지(6~8개월), 언제 걷는지(돌 전후), 어른이 먹는 밥을 아이에게 언제 주는지(돌 지난 후) 잘 알고 있습니다. 이처럼 신체적 발달에 대해서는 많은 부모들이 잘 알고 있지만 아이 마음이 어떻게 자라는지에 대해서는 잘 모릅니다. 아이가 마음속에서 어떤 경험을 하면서 부모와의 관계를 만들어가는지, 부모가 어떤 과정을 통해 아이 마음속에 삶에 대한 이미지를 남기게 되는지, 아이에게 굳어진 이미지가 나중에 어떤 영향을 미치는지는 잘 모르고 있습니다.

아이가 걷고 뒤집고 먹는 등의 몸으로 나타나는 반응에 대해서 잘 아는 것은 눈으로 직접 관찰 가능하고 경계가 명확하기 때문입니다. 아이마다 그 경계는 약간의 차이가 있지만, 우리는 그에 대한 지식을 가지고 있습니다.

그런데 심리적인 면은 서서히 진행되고, 내적인 과정입니다. 결정적으로 우리는 뇌 안에서 이루어지는 과정을 쉽게 관찰할 수 없습니다. 관찰이 불가능하므로 아이가 심리적으로 어떻게 자라는지에 대한 정보가 몸에 비해 상대적으로 부족합니다. 그래서 아이에게 치명적이고 심한 상처를 주는 부모가 생깁니다. 심리적 탄생에 대한 이해가 부족한 탓입니다.

이 책은 부모와 아이 사이에서 유아기를 거쳐 성인 이전까지 인간 생애의 초기에 일어나는 심리적 과정을 중점적으로 다루고 있습니다. 초기 이야기만 하면 '이미 다 지나갔는데'라고 생각할 수 있지만, 이것이 초기에만 일어나고 끝나는 게 아니라 똑같은 과정이 삶의 중요한 순간에 반복될 수 있습니다.

사춘기에도 반복, 청년기에 배우자를 결정할 때도 반복, 자녀를 낳아 키울 때도 반복될 수 있습니다. 어떤 면에서 '난 엄마 아빠처럼 안 키울 거야'라고 다짐한 부모도, 아이를 키우다 보면 실수를 저지릅니다. 마음먹은 방향은 반대인데 부모가 저지른 실수를 반복할 수도 있습니다. 이런 패턴이 반드시 일어나는 건 아니지만, 반복 재생될 가능성이 크기 때문에 과거의 이야기가 아니며, 우리의 현재, 미래를 위해서 꼭 들여다볼 필요가 있습니다.

그렇다고 '그럼 나 어떡하지?' 하고 너무 걱정하지 마세요. 지금부터라도 잘하면 됩니다. 지금도 여전히 부모는 아이에게 아주 중요한 존재입니다. 아이에게 부모보다 더 중요한 존재는 없습니다. 그래서 지금부터 아이의 심리적 발달과 관계를 이해하고 행동해도 아이에게 주는 영향력은 상당합니다.

나에 대한 이해의 출발

우리는 우리 마음속에 있는 심리적인 측면에 대해 이해하고 알아가는 것이 어떤 일인지 알 필요가 있습니다. 그렇다면 나를 안다는 것은 살면서 사람이 조금 더 고상해지거나 우아해지는 일인 걸까요?

자본이라고 하면 우리는 쉽게 경제적 자본을 생각합니다. 우리는 자본이 많은 사람, 부자를 부러워합니다. 요즘 학생들에게 원하는 일이 무엇이냐고 물으면 부모가 물려준 빌딩에서 임대업하는 것이라고 하죠. 농담처럼 아이들이 말하지만 농담만은 아닙니다. 이것이 아이들의 꿈이 되었다는 게 슬픈 현실입니다. 경제적 자본의 힘은 누구나 잘 알고 있습니다. 그런데 이런 경제적 자본만큼이나 심리적 자본도 매우 중요합니다.

예를 들어 우리가 경쟁 우위를 차지하기 위한 중요 자산이 이동한 과정을 살펴보면, 예전에는 '사람이 무엇을 가지고 있는가' 즉 유형 자산이 무엇인가가 중요했지만, 이제는 '무엇을 아는가'에 관한 경험, 아이디어 등 지식에 대한 습득이 중요해졌습니다.

더불어 또 하나 중요한 자본으로 꼽히는 것이 관계, 네트워크입니다. '내가 누구를 아는가?' 이것은 '누구와 연결되어 있는가?'인 거죠. 그런데 최근에 주목하게 된 것이 '내가 누구인가에 대해서 아는가?' 즉 자기이해입니다. '내가 누구인가에 대한 이해가 얼마나 되어 있는가?' 이것이 심리적 자본의 핵심 내용입니다. 나에 대해 알고, 아이에 대해 알고, 배우자에 대해 아는 것이죠. 나에 대한 이해를 기점으로 한 이런 이해들이 아주 중요한 자본이되는 것입니다.

'나는 누구인가'를 이해함으로써 탁월한 성취와 차별화된 가치를 만들어내는 것이 향후 경쟁력의 핵심인 이유를 설명해보겠습니다.

심리적 자본을 많이 갖고 있고 나에 대해 많이 아는 사람은 확실히 여러 형태의 관계와 상호작용에서 힘과 영향력을 가지며, 나머지 자본을 생성하는 데도 영향을 받습니다. 이런 개념을 확장해서 생각하면 내가 누구인가를 모르는 부모는 좋은 부모가 되기 어렵습니다. 내가 누구인지 모르는 리더는 좋은 리더가 되기 어려운 것과 마찬가지입니다. 심리적 자본도 빈익빈 부익부입니다. 돈 많은 사람이 더 많은 돈을 벌듯, 심리적 이해를 많이 갖고 있는 사람이 더 많은 것을 얻을 수 있습니다. 그래서 우리는 심리적 자본을 축적하고 확장해야 합니다. 심리적 자본이 크다는 것은 성취를 향해서 긍정적으로 자기 자신을 이해하고 그로 인해 동기 부여가 되는 것을 의미합니다.

부모답지 않은 부모는 도대체 자기가 왜 그러는지 모른 채로 아이를 다그치고, 소리를 지르고, 가혹한 형태의 체벌을 아이에게 가합니다. '내가 왜 이랬지?' 하고 후회도 하고 죄책감도 갖지만, 정작 왜 그런 행동을 했는지는 모르죠.

그래서 이런 악순환이 반복됩니다. 아무것도 아닌 것 같지만 '나를 아는 것', 이것은 나머지 자산을 확장하기 위한 중요한 기본 토대가 됩니다.

자기에 대한 이해를 많이 확장한 사람은 관계에서 영향력이 커집니다. 저는 오랫동안 대기업 코칭을 해왔습니다. 대기업 임원 코칭을 하면서 관계의 구조를 관찰해보면, 대리나 과장까지는 열심히 일하면 별문제 없이 지낼 수 있습니다. 그러나 팀장급, 임원이 되는 사람은 관계역량이 낮으면 팀을 이끌어갈 수 없고, 전체 공동체를 이끌어갈 힘이 없습니다. 업무능력뿐 아니라 그때부터는 관계역량을 만들어내는 심리적 자본이 중요하기 때문입니다.

엄마 아빠도 마찬가지입니다. 돈을 가지고 아이를 키우지만 아이에게 돈만 줬을 때는 아이를 제대로 키울 수가 없습니다. 그것보다는 관계를 통한 상호작용이 중요합니다. 이 과정을 통해 아이는 자기이해를 통한 성장, 조직 내 관계 설정 등 경쟁력의 핵심을 갖추게 됩니다.

제가 하는 여러 이야기를 읽다 보면, 자신의 경험에 비추어 누군가를 떠올릴 수 있습니다. 하지만 이 이야기는 우선적으로 자기 자신에게 적용해보기를 바랍니다. 그런데 나에게 적용하기는 참 어렵습니다. 대부분의 사람들이 그렇습니다. 많은 사람들이 평생 동안 나를 제대로 들여다보는 일에 실패합니다. 나를 바라본다는 것, 솔직하게 자신을 있는 그대로 직면한다는 것은 생각보다 매우 어려운 일입니다.

하지만 아이를 잘 들여다보기 위해서는 무엇보다 나를 잘 들여다보는 것이 필요합니다. 이 이야기를 자신에게 적용하면, 우리 아이와 나의 관계 또는 나와 중요한 사람과의 관계를 되돌아보고 변화를 가져올 수 있는 계기가 될 수 있습니다.

부모로서 자신과 잘 지내고 계신가요?

우리는 흔히 타인과만 관계를 맺는다고 생각하지만 자신과도 관계를 맺습니다. '아이를 잘 키우고 싶다', '아이와 잘 지내고 싶다'의 핵심에는 내가 있습니다. 아이를 백날 바꿔도 부모가 바뀌지 않으면 소용이 없습니다. 기법을 수없이 배워도, 기법은 여유가 있을 때나 가능하지 치열하게 반복되는 일상 속에서는 결정적 순간에 사라집니다. 쓸 수 없다는 것이죠. 기술이나 방법이 중요한 것이 아니라, 우리가 눈여겨보아야 할 것은 나에 대한 이해를 바탕으로 관계를 제대로 맺어야 한다는 것입니다.

나에 대한 이해를 많이 축적하는 것이 심리적 자본을 축적하는 것입니다. 자본이 많아야 쓸 데가 많습니다. 스스로 인지하는 '자기와의 관계에 대해 아는 것'은 자기이해와 연결되는 이야기이기도 합니다. 부모로서 자신에 대해 얼마나 알고 있는지는 정말 중요한 질문이자 과제입니다. 아이를 잘 키우기 위해서 아이에 대해 아는 것보다 더 중요하고, 더 우선되어야 할 일입니다.

우리는 자신과 관계를 맺습니다. 그럼 마음속으로 대답해보도록 합시다.

당신은 당신과 잘 지내고 있나요?

'무슨 소리야' 할지도 모르지만, 이렇게도 생각해보세요.

당신은 당신이 정말로 마음에 드나요?

거울을 보고 스스로 감탄하는 자기애적 장애, 나르시시즘과는 다른 질문입니다. 우리는 우리 자신에 대해 꽤 많이 알고 있습니다. 살면서 노력한 대견스러운 부분도 알고 내가 생각해도 근사한 부분도 있지만, 못난 모습, 외면하고 싶은 부분도 있음을 압니다. 나의 못난 부분을 잘 가리고 있을 뿐이라는 것도 압니다. 그런 못난 나를 보고도, 그런 못난 나를 아는데도 전체적으로 자신을 보면 자기 자신이 마음에 드나요?

"그렇다"고 말한다면 자신과 잘 지내는 것입니다. 자신과 잘 지내는 것은 타인과 잘 지내기보다 훨씬 어려운 일입니다. 훌륭한 일이죠.

지난 30년 가까운 시간의 심리상담을 통해 수많은 사람을 만나고, 그룹 상담을 하면서 여러 명을 한꺼번에 만난 적도 많은데, 자신과 잘 지내는 사람은 타인과도 잘 지내는 것을 확인할 수 있었습니다. 하지만 그 수는 많지 않습니다. 그만큼 어려운 일이기 때문입니다.

그럼 다시 질문을 던져보겠습니다.

부모로서 자신과 잘 지내고 있나요?

대부분 이 질문을 생각해본 적이 없을 것입니다. 부모로서 자신과 잘 지내는지 생각해보는 것이 낯설고 익숙하지 않기 때문입니다. 하지만 좋은 부모가 되기 위해서는 자신과 잘 지내는 것이 무엇보다 중요합니다.

좋은 부모의 시작, 자신을 안다는 것

제가 하고 싶은 부모 교육의 핵심은 아이를 변화시키기 위해서는 부모가 편안해야 한다는 것입니다. 특히 아이가 어릴수록 그런 마음이 필요합니다.

변화는 나로부터 시작됩니다. 좋은 부모의 힘은 '자기이해의 힘'입니다. 자기이해는 인간이 가진 근본적인 질문, 인류가 탄생한 이래 지속되어온 문제입니다.

"너 정말 왜 이러니?", "자기 멋대로구나" 아이가 내 마음처럼 안 된다고 흔히 말하는데, 그 말을 자세히 살펴보면 아이를 통제할 수 없다는 건 자신을 통제할 수 없다는 것입니다. 자기이해가 없는 상태에서는 아이에게 영향력을 행사할 수 없습니다. 좋은 영향력을 행사하는 건 부모의 책무입니다. 자기를 이해하지 못하는 부모나 교사, 상담자는 상대에게 영향을 줄 수 없습니다.

자기이해는 내가 원하는 것, 정서, 욕구 등 내 삶을 움직이는, 중요한 힘의 원리가 무엇인지 아는 것입니다. 내 삶의 판이 돌아가는 추진력의 원천, 핵심 주제가 무엇인지를 아는 것이죠. 내가 아이를 키우면서 양육의 중심에 있는 중요한 욕구나 주제, 내가 아이를 통해서 확인하거나 증명하고 싶은 것이 무엇인지를 알고 있는 것입니다.

부모이기 이전에 한 사람의 자아로서 자신이 갖고 있는 중요한 핵심 주제가 있습니다. 인지하지 못하고 있지만 모든 부모는 이런 주제를 갖고 있습니다. 그런데 제가 만나본 많은 부모들이 자신의 삶을 이끌어가는 핵심적인 욕구나 주제를 정확하게 파악하고 있는 경우는 드물었습니다. 그냥 의식하지 못한 채로 삶을 살아갑니다. 그것도 아주 열심히요. 왜 그렇게 가족들에게 밥을 먹이려고 하는지 모르지만 열심히 밥을 합니다. 왜 그렇게까지 아이에게 뭘 하라고 주장하는지 모르지만 그냥 해야 할 것 같아서 합니다. 남들과의 관계에서 뭐가 이렇게까지 불편한지 모르겠는데 그냥 참습니다. 아이를 통해서 내가 증명하고 싶은 게 뭔지 모르는데 그냥 열심히 하는 데까지 하는 것입니다. 자기가 무엇을 하고 있는지, 무엇을 원하는지 잘 모른다는 것입니다.

어떤 의미에서 자기이해는 관계나 편안함을 포기하더라도 절대 내가 포기할 수 없는 것이 무엇인지 아는 것입니다. 모든 걸 걸고 간절히 원하고 추구하는 것입니다. 모든 인간에게 다 있는 '포기할 수 없는 무엇'입니다.

예를 들어볼까요? 2014년에 개봉한 영화인 〈국제시장〉을 통해 설명해보겠습니다. 당시 천만 관객이 넘었을 정도로 화제성을 가진 영화였습니다. 주인공인 덕수가 전쟁 중에 부산으로 피난을 가게 되면서 수많은 인파를 헤치고 배를 타야 하는 상황이 됩니다. 이 집에는 형제가 많은데 아버지가 덕수의 등에 막내 막순이를 업히도록 합니다. 그런데 나머지 가족은 다 배 위를 올라갔는데, 아수라장 속에서 누군가 뒤에서 아이를 잡아당기는 바람에 막순이가 배에서 떨어지고 맙니다. 사람들에게 떠밀린 덕수는 배

위로 올라가고 아버지가 막순이를 찾으러 내려가게 되죠. 그리고 아버지는 내려가기 직전에 자신의 두루마기를 벗어서 덕수에게 입힙니다. 그러면서 혹시나 내가 배를 타지 못하면 이제부터 네가 가장이라고 말합니다. 그리고 아버지는 배를 타지 못합니다.

덕수가 부산으로 내려와서 피난생활을 시작하는데, 덕수의 인생에서 핵심적인 주제, 삶을 움직이는 근본적인 방향과 주제는 무엇일까요? 그날 이후로 덕수의 삶은 온통 가족을 지키는 것으로 초점이 맞추어져 있습니다. 진로를 선택할 때도, 결혼을 할 때도, 가게를 팔 때도 그 핵심은 변하지 않습니다. 영화 속에서는 스쳐가는 장면인데 사람들이 붐비는 거리를 걷다가 할아버지가 된 덕수가 손녀를 놓칠 뻔한 장면이 나옵니다. 그런데 덕수가 손녀의 손목을 얼마나 세게 잡았는지 나중에 보니까 손녀의 손목이 시퍼렇게 피멍이 들어 있었습니다. 그 순간 그 손은 덕수에게 손녀의 손이 아니라 막순이의 손이었던 거죠.

영화의 마지막 장면에서 백발노인이 된 덕수는 어린 시절로 돌아가서 아버지를 만나게 됩니다. 그에게 핵심적인 삶의 주제는 가족을 지키는 것입니다. 덕수 삶에 있었던 수많은 우여곡절, 애창곡, 좋아하는 가수, 진로의 선택도 같은 주제로 연결되어 있습니다. 영화니까, 라고만 생각할 수 있는데, 우리 삶도 이와 다르지 않습니다.

무의식의 기억이 나를 움직인다

의식은 자각해서 아는 것이고 무의식은 우리 내면에 가라앉아 있는 것, 억압된 것입니다. 의식은 억압되지 않고 내부에 숨겨지지 않는, 겉으로 보이는 내용입니다. 그런데 어떤 사람의 심리적 구조 안에 무의식적인 것이 많고 그것에 의해서 움직이고 행동하게 된다면 그 사람은 심리적 자본이 적은 것입니다. 자기이해가 부족한 사람은 무의식적으로 행동합니다. 심리적인 자본이 많은 사람은 무의식이 아니라, 의식적인 정보처리를 하고 의식적인 행동을 많이 하게 됩니다.

무의식적인 행동에 대해 예를 들어 설명해보겠습니다. 제가 만난 내담자 중에 엄청난 미인이 있었습니다. 보자마자 시선을 끌 만큼 매우 아름다운 여성이었습니다. 직업적 성취도 높아서 연봉도 보통 사람의 몇 배나 될 정도로 능력도 있고 꾸미지 않아도 빛이 나는 미인이라 누구나 호감이 가는 사람이었습니다.

그런데 그녀가 저를 찾아와서 고민을 털어놓았습니다. 그녀가 가진 문제는 남자를 만나면 두 달을 못 넘기고 남자 쪽에서 먼저 헤어지자고 한다는 것이었습니다.

첫 번째, 두 번째, 세 번째까지는 심각하게 문제를 자각하지 않았는데, 네 번째 남자는 달랐습니다. 네 번째 남자를 만났을 때는 결혼을 해야겠다고 생각했을 만큼 이성적으로 끌렸는데, 그 남자 역시 이전 남자들처럼 두 달 만에 그녀에게 그만 만나자고 한 것입니다. 깊이 좋아한 사람이라 그녀는 큰 충격을 받은 듯했습니다.

그런데 그 내담자를 처음 만났을 때 저에게 했던 말이 굉장히 인상적이었습니다. "오늘 여기 오는 게 굉장히 귀찮았어요"라고 저에게 말을 한 것이죠. 상담을 시작하는 첫 번째 인사치고는 참 이상한 말이었습니다. 이후에 여러 번의 상담을 거치면서 상담이 성과가 있을 때마다, 내담자는 "선생님이 저에게 영향을 미칠 수 있을까요, 이 상담이 제게 무슨 의미가 있을까요?"라는 말을 저에게 했습니다. 결정적인 건 5회기 상담이었는데 상담 시간에서 20분이 지나도 내담자가 오지 않는 것이었습니다. 내담자를 기다리다가 상담실을 나와 우연히 보게 되었는데, 찾기 힘든 구석진 곳에 내담자가 덩그러니 혼자 앉아 있었습니다. 제가 왜 이러고 있느냐고 물으니까 오늘은 힘들어서 상담을 하지 않고 그냥 가야겠다고 했습니다.

이런 상담 상황을 연애관계라고 바꿔서 생각해봅시다. 어떤 남자를 만났는데 처음 하는 인사가 "당신을 만나러 오기가 귀찮았어요"입니다. 호감을 갖고 만나기 시작했는데 만나면서는 "당신을 만나는 게 무슨 의미가 있겠어요? 당신은 나에게 중요하지 않아요"라고 합니다. 만나기로 해놓고 약속한 장소에 나타나지 않은 채 남자와 마주칠 수 없는 곳에 있다가 "오늘은 당신을 만나러 온 게 아니다"라고 이야기합니다. 이런 행동을 두 달쯤 반복해서 한다면요? 건강한 사람일수록 이 관계가 이상하다고 느끼고 더 이상 관계를 이어가지 않을 것입니다.

그런데 중요한 것은 본인은 자신이 이런 행동을 하는지 모른다는 것입니다. 바로 이게 무의식입니다. 왜 그런 행동을 하는지도 모르고, 무엇 때문에 이러는지도 모른 채, 계속 이 행동을 하는 것입니다.

상담은 이 무의식을 의식화시키는 과정입니다. 이 내담자를 탐색해보니 그녀는 어린 시절에 아주 힘겨운 경험을 한 상태였습니다. 이 내담자 어머니의 평생 목표는 아버지를 떠나는 것이었습니다. 반강제적으로 어쩔 수 없이 결혼했지만 결혼생활 내내 남편을 떠나려고 했습니다. 그래서 그녀의 어머니는 수시로 가출을 했습니다. 그녀에게는 아주 선명한 기억이 있는데 어머니가 울고 있고 그 옆에 어린아이도 울면서 아기는 포대기에 싸여 있고 가방이 꾸려져 있는 장면이었습니다.

그녀의 마음속에서는 '누군가가 내 삶에서 중요해지면 내 삶이 풍성해질 거야' 하는 마음이 생길 수가 없습니다. 누군가가 내게 중요해지면 떠날 수 있다는 근심이 생깁니다. 그러면 그녀는 상대방에게 '네가 중요하지 않다'는 메시지를 계속 보내는 것입니다. 바로 깊은 곳에서 올라오는 불안 때문에 그렇습니다. 그리고 끊임없이 그런 메시지를 상대방에게 내보입니다. 자신도 모르게 무의식적으로요.

몸에 밴 무의식

사람의 심리적 내적 구조에는 이러한 무의식적인 작동이 있습니다. 언어로 명확하게 설명하기는 어렵지만 우리가 가진 어린 시절의 기억은 주로 전두엽을 통해 이루어지는 의식적 기억이 아닙니다. 태어나서 생애 초기 3년에 대한 기억은 잘 나지 않습니다. 하지만 언어로 된 기억은 아니지만 우리 안에 남아 있습니다. 그럼 어디에 있을까요? 바로 몸에 남아 있습니다. 그래서 몸이 먼저 반응하는 겁니다.

부모가 나를 거절하지 않고 받아들였다는 것을 몸이 기억합니다. 부모가 나를 끊임없이 거절했다는 것도 몸이 기억합니다. 대개 우울한 부모는 아이를 거절할 수밖에 없습니다. 너무 우울하면 밥을 먹거나 잠을 자거나, 머리를 감는 것도 너무 힘들어집니다. 그런데 너무 여러 번 아이를 밀쳐내거나 응시하지 않으면,

아이의 몸이 그것을 기억합니다. 마치 자전거를 타는 법을 습득하면 몸이 기억하게 되듯 말입니다. 그런데 한번 체득한 기억이 쉽게 잊히지 않듯이 몸이 기억한 것은 쉽게 몸에서 빼낼 수도 없습니다. 아이의 생애 초기 3~6년의 기억은 몸에서 기억되고, 무의식적인 차원에서 작동합니다.

부모의 우울하고 슬픈 눈빛이 아이의 몸으로 들어옵니다. 아이의 몸이 그것을 기억합니다. 이제 어른이 되어서 그러지 않아도 될 상황인데 애를 쓰고 눈치를 봅니다. 나는 보잘것없는 존재란 느낌이 몸에 배어 있기 때문입니다. 이것은 무의식적인 구조에 의해서 왜 하는지 모르고 하는 행동입니다.

자기 안에 배어 있는 이런 무의식적 측면을 자각하고 이해하는 것이 자기이해입니다. 자기이해가 확장되면 이런 부분을 없앨 수는 없더라도 제어할 수 있습니다. 나에게, 또 아이에게 이해하지 못할 행동을 할 때는 애를 써서 막을 수 있습니다. 그것만으로도 삶이 많이 나아집니다. 완벽하게 제어하거나 완벽하게 수정할 수는 없지만, 내 모습을 가지고 살아갈 수 있습니다. 그래서 무의식을 의식화하는 것이 필요합니다. 그래야 아이와 하는 수많은 상호작용에서 의식적 정보처리를 하지 않고 하게 되는 행동을 조절할 수 있습니다. 좋은 부모가 되기 위해서는 무의식적 반응을 의식적 결정으로 만들어주는 과정이 필요합니다.

나를 알지 못하면 관계는 반복된다

우리 각자에게는 결코 버려지지 않는 주제가 있습니다. 어떤 사람은 눈에 띄는 게 중요하고, 또 어떤 사람은 눈에 띄지 않는 게 중요합니다. 어떤 사람은 주목받아야 하고, 어떤 사람은 사랑받아야 합니다. 어떤 사람에게는 무시당하지 않는 게 삶의 목표입니다. 그리고 주제의 영역도 제각기 다릅니다. 어떤 사람은 외모로 무시당하면 안 되고, 어떤 사람은 지적으로 무시당하면 안 됩니다.

나를 움직이는 근본적인 힘이 무엇일까요? 나의 스토리, 특히 부모로서 내 스토리를 아는 것이 중요합니다. 내가 자녀를 키울 때 절대로 포기할 수 없는 것, 아이를 통해서 반드시 복구하고 싶은 것이 있습니다. 그런데 많은 경우, 복구 프로그램을 돌리는 대상이 바로 첫째아이이기도 합니다. 그래서 부모와 첫째아이와의 관계가 복잡합니다.

첫째아이는 자녀가 아니라 '확장된 나'이기도 하죠. 이 아이는 내가 좌절된 데서 좌절하면 안 되고 내가 무시당한 데서 무시당하면 안 됩니다. 내가 결핍된 것을 이 아이는 채워줘야 합니다. 내 삶에서 척박했던 지점이 이 아이에게는 옥토로 만들어져야 합니다. 그래서 첫째아이를 통해 안 되는 걸 경험하고 많은 좌절감과 죄책감을 느낍니다. 부모 교육을 듣게 되면 가장 많이 생각나는 아이가 이 아이입니다. 그런데 둘째아이부터는 관대해집니다. 첫째아이가 시험에서 한 개를 틀렸을 때는 너무 쓰린데 둘째아이가 한 개를 틀리면 용해 보입니다. 똑같은 현상인데 너무 다르게 해석됩니다. 그런데 아이를 키우면서 불편하고 마음에 안 들어 괴로울 때 아이를 바꾸려 하거나 더 강하게 밀고 나가는 게 아니라, 이쯤에서 아이를 통해 나를 돌아봐야 합니다. 아이에게 포기하거나 접어야 하는 문제가 있는데 결코 못 접는 부분이 있습니다. 그게 갈등의 중요한 원인이 될 수 있습니다.

자기가 고양이인데 사자로 본다거나, 자기가 사자인데 고양이로 보는 사람이 있을 것입니다. 그런 불일치의 경험이 있을 수 있습니다. 그래서 건강한 관계는 자기이해가 선행되어야 합니다. '저 사람이 왜 저럴까?', '내 아이가 무슨 마음으로 그런 행동을 할까?' 하며 상대방의 심리를 아는 것이 아니라 나에 대한 이해에서 출발해야 하는 것이죠. 나를 이해한다는 것은 자신에게 중요한 이야기, 자신의 내면적 지형을 안다는 것입니다.

2008년 방송 당시, 큰 화제를 가져온 프로그램이죠. EBS 다큐 프라임 〈아이의 사생활〉에서 전문가들이 사회에서 성공적인 영향력을 끼치는 사람들을 대상으로 다중지능을 조사한 결과를 보여주었습니다. 다중지능을 살펴본 연구대상자 중 심장전문의 송

명근 박사는 논리수학지능, 발레리나 박세은 씨는 신체운동지능, 디자이너 이상봉 씨는 공간지능, 가수 윤하 씨는 음악지능이 높았습니다. 여기까지는 다들 예상한 결과입니다. 그런데 이들 모두가 공통적으로 높게 나온 지능이 있었습니다. 바로 자기이해지능입니다. 어떤 분야에 영향력 있는 성과나 리더십을 발휘하는 사람을 살펴봤더니 공통적으로 자기이해지능이 높다는 결과가 나온 것입니다.

좋은 부모는 자기이해지능이 높고, 좋은 선생님 역시 자기이해지능이 높습니다. 아이에게 무엇을 줄 것인지를 고민하기 이전에, 나를 이해하는 것이 무엇보다 중요합니다.

가족 상담치료사이자 자녀 교육 전문가인 핼 에드워드 렁켈 Hal Edward Runkel은 이렇게 강조했습니다.[1]

아이를 내 삶의 중심에 놓지 않고 자신에게 삶의 초점을 맞춘다. 자기에 대한 이해를 통해서 아이를 이해하는 것이고, 자기 변화를 통해서 자녀에 대한 변화를 시도하는 것이지, 아이를 변화시키는 것이 주요한 전략이 될 수 없다. 아이의 행동에 감정적으로 민감하게 반응하지 않는다. 나를 다스리지 못하면 아이와의 관계에서 주도권을 쥘 수 없다. 나 자신을 돌보는 것이 바로 가족에 대한 나의 일차적 의무

이다.

이것도 앞 내용과 연결됩니다.

  자녀 교육의 어려움을 내 성장을 위한 기회로 받아들인
다. 자녀 교육에서 어려움을 경험하면 아이를 고치거나 아
이와의 관계를 개선하는 게 중요한 것이 아니라 자기 성장
지점으로 인식한다.

아이와의 관계에서 갈등을 겪거나 어려움이 있을 때 '아이'를
바꾸는 것이 아니라, 내가 바뀌거나 성장해야 할 부분이 있다는
신호로 받아들이는 것이 더 효과적이고 효율적인 인식입니다. 그
렇다면 나를 이해하고 부모로서 나를 들여다볼 수 있는 방법을
알아보겠습니다.

대상관계이론이란?

대상관계이론은 '관계'를 인간의 근본 욕구로 봅니다. 부모와의 초기 상호작용의 산물이 내면화되고 이것이 이후 삶의 관계에 영향을 미친다고 보는 것입니다. 생애 초기에 양육자와 형성한 관계에서 비롯된 경험은 개인이 전 생애 동안 타인을 지각하고 이해하며 관계를 형성하는 데 기본 틀로 작용합니다. 즉, 생애 초기의 관계에 대한 경험이 일생 동안 반복해서 재현되는 것이죠. 따라서 대상관계이론에서는 생애 초기에 형성되는 양육자와의 관계의 중요성을 특히 강조합니다.

대상관계이론은 정신분석학의 최초 흐름으로, 어느 한 이론가에 의해서 이루어진 것이 아니라 멜라니 클라인Melanie Klein, 로널드 페어번Ronald Fairbairn, 도널드 위니컷Donald Winnicott 등 여러 이론가들의 기여로 이루어졌습니다. 대상관계이론에서 대상이란 주로 다른 사람(중요한 타인)을 의미하고 따라서 이 이론은 개인이 다른 사람들과 맺는 관계, 즉 대상과의 관계에 초점을 맞추고 있습니다.

대상관계이론에서는 무의식을 인정합니다. 우리가 의식적 체계에서 언어로 분화해서 설명할 수 없는 그 무엇인가의 무의식이 우리의 삶과 행동을 이끌 수 있다고 봅니다.

2강

아이보다
나 먼저 들여다보기

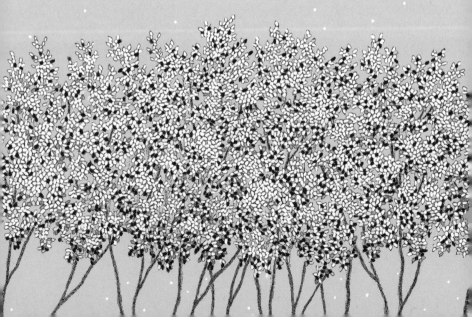

2강

'나'라는 상자 안에 갇혀 있나요?

오랫동안 상담을 하면서 안타까운 상황들을 많이 보았습니다. 왜 많은 사람들이 자신의 삶에서 가장 중요한 존재인 '나'를 이해하지 못하고, '나'에 대해 제대로 들여다보지 않은 채 삶을 허비할까요? 나에 대해 왜 모르는지 생각해보면 어쩌면 살기 위해, 나를 지켜내야 했기 때문일지도 모릅니다. 내가 숨기고 싶었던 것, 나의 약한 부분, 손대면 아린 상처들을 직면하고, 정말 제대로 알아버리면 너무 힘들고 비참해서, 바꿀 재간도 없고 용기도 없어서, 모른 척하고 유지시켜둔 것입니다. 그런데 계속해서 모르는 척 내버려두면 중요한 존재와의 관계가 엉뚱한 방향으로, 또 건강하지 않은 상태로 악화될 수 있습니다.

그렇기 때문에 어려운 일일지라도 정직하게 나를 바라보고, 자기이해를 할 수 있어야 아이와의 관계, 배우자와의 관계, 중요한 존재와의 관계에서 내가 의미 있는 영향력을 줄 수 있습니다. 자신을 본다는 것은 아주 겁나는 일이기도 합니다. 그러나 자기이해지능을 높인다는 것은 인생을 살아가면서 생산적으로 쓰일 수 있는 매우 중요한 자본을 확보하는 것입니다.

　그렇다면 구체적으로 내가 뭘 알아야 부모로서 자기이해를 하는 것일까요? 자기이해를 위한 중요한 질문을 하나씩 뽑아 살펴보겠습니다. 각각의 질문에 대해 생각해본 적이 있거나, 이를 인지하고 있다면 자기이해지능이 높은 것일 테고, 이런 문제에 대해 생각해본 적이 거의 없고 잘 모르겠다면 자기이해지능이 낮은 것일 수 있습니다.

　우리는 어떤 의미에선 다 자기 자신이 만든 상자 속에 들어가 있습니다. 각자 자기 문제 안에 들어가서, 그 문제 안에서 세상을 바라봅니다. 문제를 객관적으로 바라보고 문제의 본질을 파악할 수 있는 능력이 심리적 성숙입니다.

　'내가 왜곡된 틀로 뭔가를 볼 수 있어', '내가 맞다고 많이 우길 수 있어', '내 생각을 과하게 주장할 수 있어', 이렇게 관점의 여지를 가지고 있으면 대화가 잘 됩니다. 반면 '객관적으로 봐도 나는 문제가 없어'라고 생각하는 건 제대로 된 상자를 소유하지 못하는 사람의 특성입니다. 이런 걸 '자기기만'이라고 합니다.[2] 스스로를 속이는 거죠. 우리 모두에게는 상자가 있습니다. 내 상자를 보는 게 중요합니다. 상자가 왜 필요한가를 들여다보면, 내 신념처럼 상자는 어떤 시기에 나를 지켰던 것입니다. 그래서 고통스럽고 아팠던 그 시기를 지나올 수 있었습니다.

하지만 상자에 지나치게 오래 갇혀 있거나 상자 속에 있다는 걸 인정하지 않으면 관계에서 영향력을 끼칠 수 없습니다. 내 말이 맞고, 내가 본 게 맞다는 것을 지나치게 우기면 사람들은 그 사람에게서 영향력을 배제하고, 거리를 두고 관계를 맺지 않습니다. 자녀도 마찬가지입니다. 우리는 다른 사람이 나를 볼 때 보이는, 나는 자각하지 못하는 자기기만의 상자가 있을 수 있음을 인식해야 합니다.

나는 누구인가?

그렇다면 자기이해를 위한 질문을 던져보겠습니다. "나는 누구인가요?" 오랫동안 이어진 질문이기도 하고 많이 접해본 질문입니다. '나는 어디에 살고 어느 학교를 나왔고 어느 직장을 다니는 이러한 사람이다.' 이렇게 겉으로 보이는 '형식적인 나' 말고 진짜 내가 누구인가에 대해서 설명할 수 있나요?

저는 제가 가르치는 학생들에게 '이것이 나입니다This is Me'를 써보라고 합니다. 나에 대해 사건 중심, 살아온 배경 중심, 중요 타자 중심으로 쓸 수도 있고, 다른 여러 방식으로 설명할 수 있습니다. 하지만 말로 하는 것과 쓰는 것은 달라서, 글로 써보라고 하면 많은 사람들이 고민을 하게 됩니다.

진짜로 이 질문에 대답을 해야 하는 상황이라면 어떨까요? 아이가 "엄마는 누구예요?" "아빠는 어떤 사람이에요?"라고 정말 궁금해하면서 질문을 합니다. "세종대왕은 어떤 사람이에요?"라고 물으면 "한글 만든 사람"이라고 대답하듯이 뭔가 아이에게 대답을 해야 합니다.

그런데 엄마는 언제 결혼했고, 학교는 어디 나왔고, 자녀는 몇 명이고, 지금 몇 살인지, 어느 동네에 살고, 뭘 잘 만들고, 이런 걸로 설명하는 사람이 있습니다. 이런 것을 원스텝 질문이라고 합니다. 한 번 물어서 답할 수 있는 걸로만 자신을 구성해서 자신에 대해 아는 지식은 딱 거기까지입니다. 이런 사람은 자기 이해지능이 높다고 말할 수 없습니다. 그것은 자신이 아니더라도 누구나 알 수 있는 수준으로만 자기 자신에 대해 알고 있는 것입니다.

그런데 제가 어떤 사람이랑 이야기를 하는데 "내 인생이 다용

도실에 있는 세탁기 같아"라고 말을 했습니다. 무슨 의미일까요? 아침에 출근하면서 세탁기에게 "다녀올게", "수고해" 하고 인사하는 경우는 없습니다. 세탁기는 그냥 거기에 있습니다. 그런데 세탁기를 자세히 보면 하는 일이 굉장히 많습니다. 세탁도 하고 헹굼도 하고 탈수도 하고 건조도 합니다. 그러나 아무도 세탁기가 거기에 있다는 것을 주목하지 않습니다. 참 분주하지만 아무도 주목하지 않는 자신을 세탁기에게서 본 것입니다. 어떤 면에서 이 사람은 자기이해지능이 높고, 자기 삶에 관심이 있으며, 삶의 본질에 대해서 고민한 것입니다. 내 삶이 어떻게 돌아가고 있는지를 조망한 것이고, 내 시선 밖의 눈으로 자신을 본 겁니다. 우리는 우리 삶 속에 들어가서 살기도 하지만 관찰하기도 합니다.

그렇게 관찰하지 않은 사람은 일상적 반응으로만 움직입니다. 학교 또는 직장에 가야 하니까 가고, 때 되면 밥해야 하니까 하고, 반응적으로 일상을 보냅니다. 그런데 일상적으로 움직이는 나를 관찰할 수 있어야 합니다. 내 삶을 들여다보아야 하는 것이죠. 반응하는 내가 있고, 반응하는 나를 관찰하는 나도 있고, 전체적으로 내 삶에 대해 여러 가지를 볼 수 있어야 합니다. 그런데 대부분 이런 것을 생각하지 않습니다. 중요한 문제지만 중요하다고 인식하지 못하고 있기 때문이죠.

'왜 내 감정이 이렇게 치솟는지', '왜 이 일을 하고 있는지' 모

릅니다. '왜 이렇게 열심히 하고 싶은지', '왜 이렇게 하기 싫은지'
도 잘 모릅니다. 우울한 상태로 있다가, 갑자기 열의를 내봤다가,
견딜 수 없이 화가 치밀어 올라와서 난리를 치다가 침울해집니
다.

내가 누구인가에 대해 자세한 관찰과 기록을 하면서 자신에
대해서 들여다보세요. 내가 누구인지 생각해보는 시간을 마련해
보세요. 그리고 기회가 되면 써보십시오. '이것이 나다'. 이런 사
람이 나라는 의식을 하는 겁니다. 누군가에게 보이기 위한 것이
아니라 정말 자신의 맨얼굴을 드러내놓고, 자기 자신을 볼 수 있
는 글쓰기를 해보기를 바랍니다.

아이를 키우는 것, 내게는 어떤 의미일까?

일하는 사람들에게 '일이 내 삶에 어떤 영향을 미치고 있는지'
에 대한 질문을 합니다. 그런 질문은 어렵지 않게 자주 접하고 낯
설지 않습니다. 그렇다면 부모로서 자녀를 키우는 것이 내 삶에
어떤 의미인지는 생각해보았을까요? 내가 성취하지 못하고 좌절
했으니까 우리 애는 어떻게든 무언가를 시키겠다, 반드시 이것
을 해내도록 만들겠다, 이렇게 생각하는 건 복구 프로그램입니

다. 내가 못한 공부를 아이에게 시킨다든지, 내가 가져보지 못한 자유로움을 누리게 한다든지, 내가 하고 싶었지만 못했던 악기나 미술을 하게 한다든지… 사실은 다 내 것입니다. 내가 못 간 유학을 아이는 갔으면 좋겠다, 내가 너무 하고 싶었는데 돈이 없어서 못했지만 내 아이는 어떻게든 돈으로 인한 어려움을 겪지 않게 하겠다. 하지만 이것은 부모의 간절한 욕구이지, 아이가 원하지 않는 것일 수도 있습니다.

이런 복구 프로그램은 사소한 것에서부터 큰 것까지 다양하게 있습니다. 예를 들어 아이를 유학 보내는 경우, 아이는 부모와 떨어져 살고 싶은 생각이 없는데, 아이를 위해서라는 이유로 4~5년씩 기러기 생활을 합니다.

그리고 "너를 위해서 희생했어"라고 말합니다. 아이를 위한 것이라고 생각하지만 결국 찬찬히 들여다보면 자신의 만족을 위해 한 일입니다. 기러기 생활은 기형적인 가정 형태를 만드는 경우가 많습니다. 사람은 관계 욕구를 초월할 수 없습니다. 인간과 인간이 직접 대면해서, 만지고 접촉하고 냄새 맡고 싶다는 관계 욕구에서 자유로운 인간은 지구상에 없습니다. 그런데 그렇게 어려운 일을 자녀를 위해서라는 이유로 우리 가정에 적용하는 것입니다. 하지만 그 속에는 깊은 나의 욕구가 숨어 있는 경우가 많습니다.

양육이 우리 삶에 어떤 위치에 있는지를 살펴보기를 바랍니다. 내가 아이를 통해서 무엇을 하는지, 아이에게서 자신의 부족함을 채우려 하지는 않는지, 내가 얼마나 괜찮은 인간인지를 증명하기 위해 몸부림치고 있는 것은 아닌지, 아이에게 하고 있는 일이 내 삶에 얼마나 중요한지를 보아야 합니다.

자녀를 양육하는 일은 인간의 삶에서 매우 중요한 일입니다. 저는 제가 하는 여러 가지 일 중에 가장 중요한 것이 자식을 키우는 일이라고 생각합니다. 모유 수유를 예로 들어보겠습니다. 처음에는 한 시간쯤 걸려서 아이에게 젖을 다 물리고, 30분이 지나면 아이가 또 울기 시작합니다. 두세 시간 단위로 먹이라고 하는데 실제로는 그렇지 않죠. 그 일만 하다 보면 처음에는 내 인생에 아무것도 없고 나에게 남은 것은 아이에게 젖 주는 일밖에 없는 것처럼 느껴집니다. 그런데 사실은 모유 수유를 하면서 젖만 주는 게 아니라 아이는 엄마에게 안겨서 계속 엄마 체온을 느끼고 살을 맞대어 온기를 나누고 있는 것입니다. 온몸을 접촉하고 냄새를 맡는 것이죠. 이건 먹는 것뿐만 아니라 접촉의 문제입니다. 이렇게 모유 수유는 아이에게 심리적으로 깊은 안정감을 제공합니다. 아이에게 심리적인 기초공사를 하는 것입니다. 이것은 깊은 지하를 파내려가는 것과 같습니다. 지하공사인 거죠. 물론 지하공사를 안 해도 됩니다. 집을 단층으로 올리려면 지하공사를 하지 않아도 됩니다. 깊게 파서 높이 올리겠다는 마음이 있다면, 지하공사를 해야 하고 그 공사는 공사 초기에 해야 가장 수월합니다.

아이의 심리적 발달 과정이 그렇습니다. 엄마와 붙어 있어야 할 때 충분히 붙어 있었던 아이들은 엄마와 헤어져서 세상을 탐색하기가 쉽습니다. 그런데 붙어 있어야 할 때 붙어 있지 못했던 아이, 공생의 문제가 해결되지 않은 아이들은 평생 같이 있고 싶은 대상을 찾느라 인생을 허비합니다.

어떤 존재든 붙어 있고 나면 떨어지는 일을 받아들입니다. 붙어 있기도 하고 떨어지기도 하고, 함께 있기도 하고 나 혼자 있기도 하고, 엄청 좋기도 하고 엄청 불편하기도 하고, 없으면 못 살 것 같기도 하고, 없어도 지내게 되고, 이런 통합적인 관계를 이해할 수 있습니다. 이런 통합을 해내기 위한 전제 조건이 있습니다. 떨어지기 전에 먼저 해야 할 것은 온전하게 충분히 붙어 있는 경험입니다. 온몸이 어떤 존재에게 안겨서 온전히 받아들여지고, 온몸이 수시로 내가 원할 때마다 접촉할 수 있는 시기는 생애 초기인 탄생부터 1년 사이입니다.

사랑하면 헤어지지 않는 것이 아니라, 사랑해도 헤어집니다. 헤어지는 일을 우리 삶에서 자연스럽게 할 수 있어야 합니다. 붙어 있었던 경험을 한 아이들은 헤어지는 일로 복구가 어려울 정도의 깊은 좌절까지 가지 않습니다. 그런데 그런 경험을 충분히 하지 못한 아이들은 어른이 되어서도 온전히 붙어 있을 수 있는 대상이 있을 거라는 환상을 내려놓지 못합니다. 사랑을 해도 완전히 결합되는 대상이 있을 거라는 기대를 내려놓지 못하는 것이죠. 그런데 그런 대상은 없습니다. 언제나 변함없이 온전한 합일을 이룰 수 있는 대상은 없으며, 순간적인 경험들을 가지고 가는 것입니다. 인생에서 그런 순간이 끼어들면 고마운 겁니다. 그런데 그런 것에 대한 기대가 부풀려져 있고, 나를 제외하고 다른 모든 사람들은 다 가졌다고 생각하면 이 주제를 내려놓을 수 없습니다.

다른 집은 행복하고 다른 사람은 좋은 사람을 만났고 나만 가지지 못한 것처럼 느낍니다. 다른 사람도 그런 완벽한 대상을 가지지 않았는데도 갈증을 느끼죠. 누구에게나 무언가를 가졌으면 없는 부분도 있고, 모든 사람들은 부분적 결핍을 견디며 삶을 살아갑니다. 붙어 있고, 헤어지고, 결핍을 견디는 이 복잡한 주제를 부모와 아이는 양육 과정을 통해 주고받습니다. 공생, 개별화, 통합 같은 삶의 중요한 주제들이 서로 넘나들며 성장하는 것이 양육입니다. 우리의 양육에서 일어나는 주제가 무엇인지, 양육이 나의 삶에서 어떤 위치에 있는지, 내가 양육을 통해서 무엇을 증명하고 확인하고 이루고 싶은지를 곰곰이 생각해보세요.

감정의 버튼이 눌러졌다

우리는 이성을 강조하면서 감정을 무시하는 경향이 있습니다. 관계에서는 이성적 방식 말고 감정이나 정서를 어떻게 다루는가가 매우 중요합니다. 인지나 신념을 바꾸는 것도 정서적인 면을 활용해야 한다고 주장하는 이론가들도 많이 생겨나고 있습니다.

아이들과의 관계뿐 아니라 우리가 맺는 수많은 관계에서 정서적인 문제는 중요합니다. 우리가 우리의 감정에 대해서 얼마나 이해하고 있는가를 파악하기 위해서는 내가 잘 발휘하고 조절하는 감정을 제대로 알 필요가 있습니다.

'나는 유쾌하고 긍정적인 편이야', '나는 가라앉은 기분에 계속 빠져 있는 게 아니라 너무 슬프다가도 맛있는 거 먹으면 또 기분이 좋아져', '스트레스를 심하게 받아도 잘 때는 자', '난 정서 처리가 어렵지 않아', 이런 것이 자기이해입니다.

반대로 부정적 감정이나 어려운 감정을 마주할 때 내가 취약하거나 약한 부분이 어떤 지점인지도 알아야 합니다. 조절하지 못하는 감정이나 쉽게 약해지는 감정은 누구나에게 있습니다.

자기이해를 하는 사람은 나는 스트레스가 많이 쌓이면 우울 모드로 간다는 것을 압니다. 특히 무시당한다는 느낌이 심하게 들면 '나는 그 생각에 한번 빠지면 심하게 우울해져', '특히 지적인 부분을 건드리면 분노가 올라와' 하고 자신의 감정을 알고 있습니다. 이렇듯 자신 안에 존재하고 있는 감정적 특성을 이해하고 있어야 합니다.

'내가 이런 지적 무시를 당하지 않으려고 열심히 노력해왔고 아이를 다그친 적이 있어. 아이가 95점 받아왔을 때 아이에게 노골적으로 실망한 적이 있어. 100점을 받을 수 있는데 안 했으니까 이렇게 강하게 말해야 다음엔 100점을 받을 수 있다는 생각에서 말이야. 이 생각의 뿌리는 나의 지적 무시에 대한 분노인데, 나는 분노를 드러내기보다는 이런 상황이 되면 우울해져.'

이것이 자기이해입니다. "어떤 감정에 자주 넘어지나요?" 하는 질문에 대해 한 번도 생각해본 적이 없다면 자기이해가 부족한 것이죠. 애들이랑 심하게 싸우고 이해할 수 없을 정도로 지나치게 소리를 지르거나 아이를 혼냅니다. 그런 행동을 했다고 배우자에게 이야기하기도 민망한 때가 있습니다. 너무 화가 나 아이를 방에 가뒀다든지 장롱에 집어넣었다든지, 차마 말하지 못할 행동을 하는 지점은 내 감정의 극단적인 버튼이 눌러졌을 때입니다. 그게 내가 넘어지는 감정입니다.

나의 어떤 버튼이 눌러졌는지를 알아보세요. '내가 왜 그렇게 아이에게 과하게 했지', '왜 그렇게 그 상황에서 절절맸지', '그 정도는 아닌데 왜 비굴해졌지, 무엇 때문에 불안해했지', 이런 것들을 생각해보면 내가 무너지는 감정이 무엇인지가 보입니다. 부모로서 내가 아이와 상호작용할 때 힘들어지는 지점의 정서를 알아두어야 합니다.

견디지 못하는 나의 이 감정

어떤 엄마는 관계를 잘 맺지 못합니다. 사람들 사이에서 겉돌고 따돌림 당한 기억도 있고 주도적이지 못한 느낌이 있습니다. 그러면 아이가 놀이터에서 놀고 있는데 자기처럼 쭈뼛거리고 주도적이지 못하고 장난감을 빼앗기는 경우, 내성적이고 날 닮아서 수줍음이 많구나 하고 아이를 이해하고 격려해야 합니다.

"괜찮아, 네 거니까 주기 싫을 때는 달라고 얘기하면 돼."
"'안 돼, 내 거니까 내가 할 거야, 오늘 선물 받은 거니까
오늘은 못 줘'라고 말해."

이렇게 말하는 것이 적절합니다. 어느 날 아이가 선물 받은 걸 다 빼앗기고 옵니다. 그런데 이런 아이의 모습이 엄마의 모습입니다. 아이에게서 자기가 너무 싫어하는 자신의 모습을 본 것입니다. 그러면 아이가 하루 종일 친구 집에서 잘 놀았지만, 밤에 아이를 데려와서 씻겨놓고는 엄마는 속에서 불이 나서 견딜 수 없는 분노가 올라옵니다. 자야 할 아이를 베란다로 데려가서 거의 울 것 같은 표정으로 다그칩니다. 이때 받아들일 수 없는 아이의 못난 모습은 자기 자신입니다. 일곱 살짜리는 장난감을 빼앗길 수 있습니다. 주도적이지 못하고 관계 속에서 자기주장을 못 하는 것은 자기인데 아이에게 비난을 가합니다.

내가 잘 견디는 감정과 못 견디는 감정, 양육에서 내가 실패하는 감정과 잘 다루는 감정을 아는 것이 자기이해입니다. 어떤 부모는 아이가 부모를 좀 무시해도 잘 견딥니다. 아이가 사춘기가 되면 정말 견딜 수 없을 정도의 말로 부모를 공격합니다. "공부해야지" 하고 타이르면 "그렇게 중요하면 엄마 아빠가 공부 다시 해, 엄마 아빠가 열심히 공부해서 원하는 대학에 가"라고 합니다. 부모는 속이 뒤집어집니다.

잘 견디는 감정, 못 견디는 감정을 이해하는 것이 부모에게는 필요합니다. 이런 감정을 빨리 조절하고 악순환에 들어가지 않도록 해야 합니다. 자녀들과 이 악순환을 계속 돌리면 아이들은 엄마 아빠가 아주 형편없어 보이고 무시할 만한 대상으로 받아들입니다. 자기 상처 때문에 막 휘몰아치는 부모를 보면 어른이 아니라 자기보다 못한 아이처럼 보이는 것이죠. 아이는 본능적으로 부모를 무시할 지점을 정확하게 압니다. 부모의 약하고 못난 감정을 매우 직감적이고 통찰력 있게 관찰합니다. 그래서 자기가 공격을 받으면 역으로 부모가 얼마나 못났는지 증거를 댑니다. 그때 부모가 반박하면 더하죠. 그런 악순환을 계속 반복하면 부모는 진짜 우스운 사람이 됩니다. 그러면 서로 민망해져서 어느 시점부터는 서로 상대하지 않고 소통을 차단합니다. 이 순환 구조를 알고 있어야 합니다.

남의 것만, 아이와 배우자 것만 보지 말고 내 것을 보기를 바랍니다. 극단적인 지점에서는 멈출 수 있어야 합니다. 그러면 아이가 부모를 어려워합니다. 멈출 수 없는 데 멈추는 것은 힘 있는 자의 행동입니다. 권위는 그런 데서 나오는 것이지, 강압적으로 아이를 강하게 누른다고 나오는 게 아닙니다. 그런 부분에서 부모의 권위가 살고 부모는 아이에게 함부로 할 수 없는 대상이 됩니다. 그런데 다람쥐 쳇바퀴 돌듯이 계속 문제 상황이 반복되고 문제를 서로 피한다면, 문제가 해결되지 않은 상태에서 그냥 멈추는 거지, 괜찮아지는 게 아닙니다.

아이를 키울 때 나의 신념은 무엇일까?

아이를 키울 때 나의 감정도 중요하지만 나의 신념을 파악하고 있는 것도 중요합니다. 우리 각자에게는 모두 저마다의 신념이 있습니다. 생각이 쌓이고 쌓이면 신념이 됩니다. 신념 때문에 우리가 갖게 되는 여러 가지 가설이 있고 반복적으로 행동하는 패턴이 생겨나기도 합니다.[3]

예를 들어서 사람들이 많이 갖고 있는 비합리적 신념이 '내가 아는 모든 사람으로부터 사랑과 인정을 받아야 한다'는 것입니다. 그것은 불가능한 일입니다. 누가 이것 때문에 고민하고 있다면 말려야 합니다. "어떻게 모든 사람에게 사랑과 인정을 받아?" 타인에게는 쉽게 질문할 수 있습니다. 그런데 내 이야기라면, 우리 가족 중에서 나를 안 좋아하는 사람이 있으면 용납이 되지 않습니다. 집안 사람들 중에서 나를 좋아하지 않는 사람이 있으면 아주 거슬립니다. 항변하고 싶습니다. '나에 대해 알기는 해?' 분하고 억울한 마음을 애써 눌러보지만 해결되지 않습니다. 우리에게는 미움 받을 용기가 없습니다. 적어도 내가 아는 모든 사람에게 사랑과 인정을 받아야 합니다. 이 신념이 우리를 괴롭히고 앞으로도 계속 괴롭힐 수 있습니다. 그런데 이 신념이 아주 나를 괴롭힐 때는 스스로 달랠 수 있어야 합니다.

우리가 많이 갖고 있는 또 다른 신념은 '내가 유능해야만 사랑과 인정을 받을 수 있다'는 것입니다. 그래서 엄청나게 열심히 합니다. 양육도 열심히 하고, 직장생활도 열심히 하고, 양가 집안에도 열심히 하고, 부모 교육도 열심히 받습니다. 그런데 우리의 부모를 생각해보면, 유능하다고 가장 많은 사랑을 주는 것이 아니라는 것을 알게 됩니다. 능력 있는 자녀에게 용돈을 받아서 사랑하는 자녀에게 그 돈을 줍니다. 유능하고 중요한 사람과 사랑하는 사람은 다른 경우가 많습니다. 자녀 중에서도 마찬가지입니다. 유능하지 않아도 사랑스러운 아이가 있습니다. 그런데 우리는 이 유능성에 엄청나게 신경을 많이 씁니다. 이런 것이 비합리적 신념입니다.

또한 부모자녀관계에서 많이 발생하는 비합리적 신념 중에 하나가 '부모가 고통스러우면 아이도 고통스러워야 한다, 부모와 자녀가 감정을 공유해야 된다'입니다. 엄마와 아빠의 정서가 아이에게 고스란히 넘어가는 가정이 있습니다. 무덥고 습한 여름에 물기를 머금은 솜이불을 덮고 있는 것처럼 엄마의 우울이 집 전체를 덮고 있는 경우가 그렇습니다. 아빠의 분노가 집 전체를 확 쓸어버리는 집도 있습니다. 아이는 아빠의 문 닫는 강도가 예사롭지 않다면 자는 척합니다. 눈에 띄어 걸리면 타깃이 되니까요. 건강하지 않은 집입니다.

이런 집에는 중요한 사람이 어떤 감정을 경험하면 다른 사람도 동일한 감정을 느껴야 한다는 압력이 작용합니다. 사실 엄마가 우울해도 아이는 밥을 먹을 수 있습니다. 아빠가 기분이 나빠도 가족은 개그 프로그램을 볼 수 있습니다. 건강한 집에서는 엄마가 우울하면 마음이 많이 쓰이지만 내가 엄마와 동일하게 우울할 필요는 없다는 걸 이해합니다.

가족 상담에서는 가족 구성원들이 분화가 되는지 안 되는지가 중요합니다. 분화라는 건 정서적 압력에 반응하는 정도입니다. 어떤 사람들은 자신에게 우울한 정서를 밀어붙이면 그걸 그대로 흡수해서 같이 반응합니다. 엄마가 울면 아이도 같이 요동쳐서 웁니다. 엄마가 울면 같이 울고, 한쪽 부모의 하소연을 들어주고 함께 추임새를 넣습니다. 이런 아이들을 부모는 효자, 효녀라고 합니다. 그런데 가족 상담에서는 그런 아이를 '가족 희생양'이라고 칭합니다. 이 아이는 자기 인생을 살아가기 위해 필요한 에너지를 자기 인생에 쓰지 못합니다. 부모의 감정이나 심리적 이슈를 받아서 처리하느라고 엄청나게 많은 에너지를 소모하기 때문입니다.

그런데 사람은 저마다 한 사람 몫의 삶을 살아가는 에너지를 가지고 태어납니다. 삶의 동력이 될 에너지를 그런 것에 다 소모해버리면 아이의 에너지는 결코 건강하지 못합니다. 그렇기 때문에 이런 주제의 신념들을 어떻게 처리하는지, 나는 어떤 신념을 갖고 있는지 알아야 합니다.

내 마음의 기저에 있는 것

가만히 들여다보면 나와 잘 지내는 자녀가 있고 나와 못 지내는 자녀가 있습니다. 나와 잘 지내는 자녀의 특성에 대해서는 아주 잘 알고 있습니다. '얘는 나에게 이렇게 하니까 참 좋아, 살가운 게 있어, 엄마한테 자주 전화하잖아' 이렇게 말이죠.

그런데 잘 지내는 사람에 대한 특성을 아는 것이 아니라 내가 어떤 사람에 대해서 관대한지, 어떤 사람에게 여유로운지, 어떤 걸 좋다고 생각하고, 어떤 모습을 예뻐하는지를 생각해보십시오.

성숙하지 못한 부모는 자녀를 나눕니다. 건강하지 않은 부모도 자녀를 나눕니다. 사실 이런 사람은 자녀만이 아니라 세상을 나눕니다.

아이와의 관계에서 이런 나눔이 심한 사람이 있습니다. 첫째와 둘째는 같은 부모 아래에서 자라지만 부모와의 정서적 관계는 굉장히 다릅니다. 분리된 것입니다.

내가 누군가를 좋아하면 어떤 점이 좋은지, 불편하다면 어떤

게 불편한지 생각해보기를 바랍니다. 특히 자녀에게서 불편한 것은 내가 내 속에서 받아들이지 못한 것을 자녀에게 볼 때입니다. 내가 관계 속에서 주도적이지 않은 게 삶에서 불편했는데 아이가 그러한 나와 똑같다면 너무 보기가 싫은 겁니다. 볼수록 화가 납니다. 사실 그건 자기 것을 수용해야만 해결할 수 있습니다.

바깥에 나가 상호작용할 때, 내가 불편한 사람, 어려운 사람에 대해서 이해하기가 어려운 이유는 우리는 상대를 비난하는 데만 능숙하고 이런 행동을 자주 반복하기 때문입니다. 남의 이야기를 부정적으로 많이 하는 사람은 내부가 굉장히 빈약합니다. 빨리 눈치 채야 합니다.

제가 기억하는 내담자의 이야기입니다. 다른 사람을 위해서 매우 헌신적이고 조직에서 없어서는 안 될 존재이며 자기 의사를 내세우지 않고 궂은일을 도맡아 하는 사람. 조직 안에서 일관성 있게 그렇게 해왔기 때문에 이 사람은 다른 사람에게 어른 같은 사람으로 인정을 받은 사람입니다.

그런데 이 내담자가 어떤 동료에게 매우 불편한 감정을 느끼고 저를 찾아왔습니다. 불편한 사람이 어떤 사람인가 하면, 조직에서 십여 년을 함께 보냈는데 자기주장이 선명하고 욕구를 거리낌 없이 드러내며 남의 것을 방해하지도 않지만 자기 것만 챙기는 사람. 좋게 말하면 개인주의자이고, 이 내담자 입장에서는 꽁장히 이기적인 사람이었습니다.

내담자는 저를 찾아와 이 사람이 얼마나 부적절하고 이기적인가에 대한 이야기를 쏟아놓았습니다. 그런데 상담 몇 회기가 지난 후에 제가 그 내담자에게 이야기했습니다.

"그런데 제가 계속 지켜보니 그분하고 참 많이 닮은 것 같습니다."

왜일까요? 사실 이 두 사람을 살펴보면, 심리적 기저가 동일합니다. 표면적으로는 아주 다르지만, 기저에는 한쪽의 욕구를 보느라고 다른 쪽의 욕구를 전혀 보지 않는다는 점에서 공통점이 있습니다. 제 내담자는 다른 사람의 욕구를 보느라고 자기 욕구를 전혀 보지 않습니다. 내담자가 불편해하는 사람은 자기 욕구를 보느라고 다른 사람의 욕구를 전혀 보지 않습니다.

사실 제 내담자가 고민했어야 하는 것은 '왜 나는 내 욕구를 외면하고 바라보지 않았는가', '억압된 욕구로 인해 이토록 견딜 수 없는 현상이 일어날 때까지 왜 나 자신을 방치했는가', 그걸 봐야 합니다. 그랬다면 그 동료의 행동을 보고 조금 기분 나쁘고 한심해하고 말 일입니다. 그렇게 치밀어 오르는 분노로 괴롭고 힘들어할 일은 아닌 거죠.

오랫동안 거슬리고 불편한 사람이 있을 수 있습니다. 거슬리는 감정이 사라지지 않는 경우, 대부분 자신의 문제와 닿아 있습니다. 현상은 반대로 보여도 자신의 심리적 기저와 닿아 있는 것이 강하게 자신을 건드리는 것이죠.

보이고 싶은 것 vs. 보이고 싶지 않은 것

내 속에는 보이고 싶은 것과 보이고 싶지 않은 것이 있습니다. 보이고 싶지 않은 것이 하나도 없다면 자연스럽지 못한 일입니다. 저 역시 심리 분석을 하고 상담을 하면서 내담자의 모든 것을 아는 것에 대해서는 저항감이 있습니다. 각자의 개별성은 존중해야 하기 때문입니다. 자녀도, 배우자도 모두 다 알 수는 없습니다.

사과나 배를 잘라보면 씨방이 있고, 씨방이 있는 공간 안에 막이 있습니다. 그 막이 배즙이나 사과즙이 씨로 들어오지 못하는 역할을 합니다. 즙이 '내가 굉장히 좋은 양분이야' 하고 그곳을 뚫고 들어가서 씨에게 접근하면 씨가 썩기 때문입니다. 나중에 흙 속에 들어가서는 이 양분을 주겠지만, 살아 있을 때는 일정한 거리를 유지합니다. 결국은 이 양분을 줄 것이라고 해도 말이죠.

사랑도 마찬가지입니다. 그런데 우리는 사랑한다는 이유로 침범하지 말아야 할 공간을 뚫고 들어가서 썩게 만듭니다. 이렇게 뚫고 들어가려는 노력을 아무에게나 하지 않고 자신에게 굉장히 중요한 대상에게 하는데 그래서 중요한 관계가 망가지는 경우가 많습니다.

또 한편으로 절대로 보이고 싶지 않은 면이 있습니다. 이런 것은 누구나에게 있습니다. 개별성을 위해서 존재해야 하는 부분입니다. '살아생전 내 입밖에 내지 않겠다' 이런 결심을 하게 만드는 절대 보이고 싶지 않은 것이 있습니다. 그런데 그런 결심은 우리 내부에서 심리적으로 엄청난 에너지를 소모시킵니다. 절대로 다른 사람에게 보이지 말아야 하는 심리적 이슈를 지니고 있는 사람은 그것을 보이지 않게 하는 데에 모든 심리적 에너지와 자본을 사용합니다.

절대로 보이지 말아야겠다고 결심하면 그 생각이 중앙으로 들어와 핵심이 됩니다. 그리고 핵심을 오랜 세월 지니고 살게 되면 본질이 됩니다. '학벌'이든 '집안'이든 '과거의 상처'든 당신이 누구냐고 물으면 그걸 가장 먼저 떠올립니다. 이것을 지니는 데 쓰이는 에너지는 우리의 상상을 초월합니다.

이런 이야기를 누군가에게는 드러내야 합니다. 내가 부모를 고를 수는 없지만 상처를 보여줄 사람은 고를 수 있습니다. 하지만 상처를 보일 사람을 아무나 선택해서는 안 됩니다. 발품을 팔고 마음 품도 팔아서 잘 골라야 합니다. 상처를 보일 그릇이 되고 안전한 사람을 찾는 데 에너지를 쓰십시오. 주변에 그런 사람이 있으면 감사하고 행복한 일이고, 그런 사람이 없으면 상담을 받는 것도 좋습니다. 심리적 환기를 시켜야 합니다. 지니고 살던 것을 밖으로 배출해야 합니다.

아이와의 관계에서 내가 미처 몰랐던 상처와 욕구 등이 복합적으로 작동합니다. 중요한 관계에서는 내가 처리하지 못하고 볼 수 없었던 것이 작동합니다. 배우자 관계에서도 반드시 작동합니다. 기억하지도 못하는데 소모되는 에너지가 있습니다. 그런 무의식적인 것을 의식적 차원으로 내놓고 이를 처리할 수 있어야 합니다.

당신이 정말로 나를 아신다면…

당신이 정말로 나를 아신다면 _____.

어떤 말을 넣어서 문장을 완성하겠습니까?

'당신이 정말로 나를 아신다면 좋아하게 되실 거예요.'

'당신이 정말로 나를 아신다면 저와 친구가 되실 거예요.'

'당신이 정말로 나를 아신다면 내가 좋은 사람인 걸 아실 거예요.'

'당신이 정말로 나를 아신다면 내가 정말 괜찮다는 걸 아실 거예요.'

이렇게 문장을 완성시킨다면 심리적 자본이 넉넉한 사람입니다. 그런데 이런 아름다운 글을 쓰는 사람이 많지 않습니다.

'당신이 정말로 나를 아신다면 실망하실 거예요.'

'당신이 정말로 나를 아신다면 멀리 하실 거예요.'

'당신이 정말로 나를 아신다면 나를 떠나실 거예요.'

이런 문장을 많이 보게 됩니다.

나라면 어떻게 문장을 완성할 수 있을까, 이런 것에 대해 자기를 알고 소통하는 것이 자기이해입니다.

지금까지 나온 질문들을 잘 정리해보기를 바랍니다. 좋은 부모가 되기 위해서는 이런 질문에 대해 대답할 수 있는 밀도 있는 자기지식이 필요합니다. 자기이해가 되지 않은 상태에서 기법과 방법만 알면 좌절이 반복됩니다. '아이 앞에서 공감하세요, 적절하게 반응해주세요, 좋은 말을 하세요, 긍정적인 칭찬을 하세요' 이런 말을 많이 듣지만, 들으면 겨우 3일 갑니다. 그리고 결정적인 순간에 나오지 않습니다. 결정적 순간에 쓸 수 있는 자기이해를 갖고 있어야 합니다. 자기이해를 하는 것이 좋은 부모가 되는 것의 핵심임을 기억하기 바랍니다.

"내가 잘 견디는 감정과 못 견디는 감정,
양육에서 내가 실패하는 감정과
잘 다루는 감정을 아는 것이 자기이해입니다."

우리는 모두
관계 속에서 성장한다

3강

관계는 우리의 근본적 욕구

관계에 대해, 스탠퍼드대학의 어빈 얄롬Irvin D.Yalom이라는 학자가 한 말이 있습니다.

사람은 누구나 최초의 생존과 그 생존의 연장을 위해, 사교적인 교제를 위해, 만족의 추구를 위해 사람을 필요로 한다. 누구를 막론하고 그 누구도 인간 접촉의 욕구를 초월할 수는 없다.[4]

사람은 누구든지 사람을 필요로 합니다. 돈이 있든 없든 건강하든 건강하지 않든 어느 누구나 인간 접촉의 욕구보다 강력한 것을 갖고 있지 않습니다. 그만큼 인간에게 접촉은 매우 중요합니다.

살면서 너무 고통스럽거나 찢어질 듯 심장에 통증을 심하게 느끼거나 도저히 견딜 수 없는 순간이 있을 텐데, 그 찌릿하고 미어지는 느낌은 사람 때문입니다. 진짜 기쁘고 너무 행복하고 감탄과 감동을 불러일으키는 것도 사람, 관계 때문입니다.

사람은 사람을 필요로 하는데, 그중에서도 중요한 대상이 자녀입니다. 나에 대해서는 포기할 수 있지만, 아이에 대해서는 포기가 되지 않는 경우가 많습니다. 마음속으로 '좀 지나면 포기가 된다'고 생각하는 사람도 있겠지만 대부분은 그렇지 않죠. 자녀는 나에게 가장 중요하고 포기할 수 없는 관계입니다. 포기하고 싶고 힘들면 끝내면 되는데, 결코 끝낼 수 없는 관계이기 때문입니다.

> 관계형성 욕구가 가장 근본적인 인간의 욕구이다. 심지어 인간을 움직이는 가장 근본적 추동이다.[5]
>
> ―마이클 클레어Michael Clair

대상관계이론은 앞서 말했듯, 어릴 때 부모와의 관계를 주로 탐색하여 연구한 이론으로, 관계추구가 인간의 가장 근본적인 욕구라고 보고 있습니다.

스티븐 미첼Stephen Mitchell이란 학자 또한 관계의 중요성을 다음과 같이 이야기합니다.

우리는 '관계의 모체' 속에서 살고 있다. 사람은 양탄자처럼 짜인 과거와 현재의 관계 속에서만 이해할 수 있다.

인간의 관계추구 욕구를 증명한 해리 할로Harry Frederick Harlow라는 학자가 유명한 실험을 한 바 있습니다. 실험을 위해서 커다란 우리에 아기 원숭이를 집어넣고 엄마 원숭이와 분리했습니다. 우리 속에 있는 철사 원숭이에게는 우유가 달려 있고, 또 다른 원숭이는 우유는 없지만 철사 뼈대를 온통 천으로 감아서 부드러운 감촉을 제공해주었습니다. 관찰해보니 아기 원숭이는 우유를 주는 원숭이에게서 잠깐 우유를 먹고 하루 종일 천 원숭이에게 갑니다. 위기 상황, 충격적이고 놀랄 만한 상황이 벌어지면 어떨까요? 이때도 아기 원숭이는 천 원숭이에게 갑니다. 왜일까요? 천 원숭이는 따뜻한 접촉을 주기 때문입니다.

접촉이 얼마나 중요하냐면, 루마니아 내전으로 집단적으로 고아가 발생했을 때의 일을 예로 들어보겠습니다. 아이들을 대규모 시설에 수용한 다음, 몇 시간 단위로 기저귀를 갈아주고 일정한 간격으로 밥을 먹였습니다. 접촉은 없었지만 생존을 위한 기본적인 공급을 제공한 것이죠.

이 아이들은 무사히 살았을까요? 추적해보니 6개월 내에 많은 아이들이 사망하고, 살아남은 아이들도 정신적으로 어려운 상태에 빠졌습니다. 눈도 마주치지 못하고 손을 어떻게 둬야 할지도 몰랐습니다. 먹을 것과 기본 위생은 제공되었지만 그것으로는 부족했습니다. 접촉으로 인한 관계가 없었기 때문입니다.

아주 어릴 때는 접촉이 곧 관계입니다. 어릴 때 부모가 아이에게 사랑한다고 말하긴 하지만, 이때 부모가 아이에게 실제로 하는 것은 응시, 만져주는 접촉입니다. 물론 점차 아이가 성장하면서 언어를 통한 접촉이 이루어집니다. 성인이 되면 접촉이 반드시 만져주는 것을 의미하지 않습니다. 이때는 나의 진가를 알아주는 정서적인 접촉이 더 중요해지게 됩니다.

하지만 아이들은 만져주는 접촉이 없으면 잠을 자거나 제대로 성장하지 못합니다. 접촉이 그만큼 관계의 본질이기 때문입니다. 관계가 있어야 살 수 있습니다. 식욕, 수면, 기본적 위생이 중요하긴 하지만, 그런 것이 주어져도 관계가 제공되지 않으면 인간은 죽을 수밖에 없고, 살아남아도 정상적으로 살지 못한다는 것이죠.

인간을 형성하는 근본적인 것은 관계추구이고, 이것은 인류가 지속되는 한, 없어지지 않는 욕구이자 건강한 삶을 위해서 반드시 필요하고 활성화된 욕구입니다. 부모자녀관계에서도 에너지의 핵심에는 관계추구 욕구가 있습니다.

관계 패턴 속에 내가 있다

관계에 대한 몇몇 학자들의 이론이 있습니다. 애착이론을 만든 학자인 존 볼비John Bowlby는 "생애 초기의 모자관계 연구를 살펴보면 애착행동이 인간의 생존에 필수적일 뿐 아니라, 핵심적이고 유전적으로 내재되어 있는 것"이라고 보았습니다.

애착행동이란 관계인데, 관계가 생존에 필수적인 요소이고 유전적으로 타고난다는 것입니다. 관계 욕구는 누가 심어준 게 아닙니다. 생존을 위해 본능적으로 갖고 태어나는 것입니다.

아이들이 엄마와 관계를 맺을 때, 아이는 엄마에 대한 정보를 우리의 예상보다 많이 갖고 있습니다. 엄마 젖과 다른 사람의 젖 냄새를 구분할 줄 알아서, 두 가지가 동시에 주어지면 백발백중 아이는 엄마 쪽으로 반응합니다. 또한 아이들은 엄마 냄새를 압니다. 태어난 직후에는 시각이 발달되어 있지 않고 후각이 더 발달된 상태로 엄마의 냄새를 아는 것이죠.

이처럼 아이는 엄마에 대한 지식을 상당히 많이 가지고 있고 관계나 접촉에 대한 본능은 유전적으로 내재되어 있습니다. 제왕절개로 출생한 아이도 엄마 배 위에 올려주면 엄마의 유두를 찾아서 움직이려고 합니다. 빨기 본능이 있어서입니다. 볼비는 이처럼 인간은 관계에 대한 욕구를 기본적으로 갖고 태어난다고 보고, 관계에서 나타나는 유형을 통해 애착의 패턴을 찾아냈습니다.

대상관계이론가인 도널드 위니컷도 "아기라고 불릴 만한 것은 없다. 엄마-유아의 한 쌍만 있을 뿐이다"[6]라고 말했습니다. 아기란 하나의 존재, 단독으로 존재하지 않습니다. 아이가 있다는 것은 엄마가 있다는 것이죠. 이것은 생물학적 엄마를 지칭하는 것이 아니라 양육한 사람이 엄마라는 것을 말합니다. 할머니가 키운 아이는 할머니가 엄마인 셈입니다. 아이가 태어나서 다섯 살이 될 때까지 할머니가 키우다가 중간에 데려왔다고 하면 아이의 심리에서는 생애 초기에 상당히 중요한 이동이 일어났던 셈입니다. 이때 엄마를 주 양육자라고 할 때, 항상 한 쌍이 존재합니다. 이렇게 형성된 관계 패턴은 한 인간의 생애를 관통하는 삶의 양식이 됩니다.

그 사람이 누구인지 보려면 누구와 함께 있는지를 보면 됩니다. 관계 패턴을 보면 그 사람이 어떤 사람인지 알 수 있습니다.

관계 안에 우리가 존재하기 때문입니다.

사람이 머리를 감고 화장하고 옷 입는 행위를 하는 중요한 이유는 관계추구 때문입니다. 그중에서도 우호적 주목을 받고 싶어 합니다. 그런데 우호적 주목이 없으면 부정적 주목이라도 받는 게 낫다고 생각합니다. 이것이 아이들이 사고를 치는 이유이기도 합니다. 수업을 듣다가 답을 모르는데도 손을 들어 눈길을 끌고, 학교에서 말썽을 부려 맞거나 혼나는 것은 아무도 자신에게 관심이 없는 것보다 이렇게라도 관심을 받는 게 낫다고 생각하기 때문입니다. 그만큼 관계 욕구가 인간의 근본적 욕구입니다.

긍정적인 사회적 지지를 받고 사람들과 관계가 좋은 사람은 신체도 건강합니다. 호르몬 체계, 심혈관 체계, 면역 체계를 연구해보면 사회적 지지를 받고 있는 그룹은 호르몬, 심혈관 면역에도 순기능이 나타나고 병리적인 증후를 극복하는 힘이 있는 것으로 나타났습니다.

정서적인 색채에 대하여

아이는 부모를 통해서 처음으로 대상을 경험합니다. 첫사랑이고, 첫 경험입니다. 부모와 아이의 관계는 일시적인 것이 아니라 농축되고 지속적인 형태입니다. 아이에게는 부모가 최초의 대상이고, 그중에서도 특히 엄마가 주요 대상이 됩니다. 요즘은 예전에 비해, 아빠의 육아 참여가 높아졌습니다. 육아에 참여하지 않는 아빠는 이상하게 여겨지는 분위기죠. 예전에는 아이 관련 모임에 아빠가 따라오는 경우가 드물었지만, 지금은 공개수업에도 아빠가 참석하고 놀러가서도 아빠가 아이를 돌보는 것이 매우 자연스러운 일입니다. 아빠가 양육에 참여하는 흐름은 점점 가속화되고, 양육의 중요한 주체로서 아빠의 역할이 강조될 것입니다. 게다가 아빠는 엄마라는 중요한 대상에게 강력한 영향을 미치는 변수로서 매우 밀접하게 관련되어 있으며, 결코 떨어져서 생각할 수 없는 존재입니다.

대상이란 말은 일상적으로 쓰이지 않는데, 대상관계이론에서는 "주체와 관계를 맺는 어떤 것으로, 정서적 색채를 갖고 있다"[7]고 말합니다.

쉽게 말하면 대상은 주체인 나와 관계를 맺는 것입니다. 아이가 주체라면 관계를 맺는 엄마와 아빠가 아이에게 대상이 됩니다. 이 대상에서 중요한 요소가 정서적 색채입니다.

예를 들어 우리가 부모에 대해 느끼는 감정에도 정서적 색채가 있습니다. 미움이라든가 사랑이라든가 하는 정서적 스펙트럼상의 어딘가에 부모가 있습니다. 성인이 되면 부모에 대해 느끼는 마음이 수만 갈래입니다. 너무 보고 싶고 너무 불쌍하고 너무 짜증나고 뭔가 해주고 싶은데 해주면 섭섭하고 무슨 마음인지 나도 모르는 소용돌이가 내면에 존재합니다. 이처럼 대상과의 관계에는 정서적 색채가 있습니다.

눈앞에 있는 물병은 대상이라고 하지 않습니다. 아무런 정서적 색채가 없기 때문입니다. 하지만 우리 아이가 최초로 만들어준 카네이션 꽃은 정서적 색채가 담겨 있습니다. 그런 것은 대상이 될 수 있습니다. 아버지의 유품이라든가, 어머니가 아끼는 물건은 쉽게 바꿀 수 없는 정서적 색채가 들어갑니다. 사람뿐 아니라 사물도 대상이 될 수 있습니다.

대표적으로 정서적 색채가 가장 강렬한 것은 부모입니다. 최초의 대상이자 장기적인 대상인 거죠. 그리고 아이는 대상과의 상호작용을 통해 '자기Self'를 만들게 됩니다. 첫 번째 대상이 나에게 준 메시지나 나를 대했던 방식이 나를 만드는 데 지대한 영향을 미치는 거죠. 자기는 나에 대한 의식적, 무의식적, 정신적 표상, 즉 이미지입니다. '나는 좋은 사람이야, 일관성 있는 사람이야' 또는 '나는 나를 믿을 수 없어, 세상에서 제일 걱정되는 게 나 자신이야'와 같은 느낌은 대상과의 상호작용에 의해 만들어집니다. 이런 이미지를 어디서 가져오느냐가 상호작용입니다. 이 과정을 학문적으로 말하면 '내면화 과정Internalization'이라고 합니다.

그렇다면 내면화에 대해 좀 더 깊이 설명해볼까요? 엄마를 생각하면 떠오르는 이미지가 무엇인가요? 가장 강력한 이미지를 하나만 고르라면요?

'희생? 욕심? 부담? 안쓰러움? 밥?'

과연 엄마가 몇 번쯤 희생하면 희생이 엄마에 대한 가장 강력한 이미지로 굳어질까요? 희생이 엄마의 이미지가 되기 위해서는 엄마가 살면서 수도 없이 희생을 해왔을 것입니다.

한국인의 경우, '엄마' 하면 밥을 떠올리는 사람도 많습니다. 그렇다면 밥을 몇 번쯤 해주면 엄마에 대한 가장 강력한 이미지가 밥이 될까요? 아마 수천 번은 될 것입니다. 새벽마다 엄마는 일찍 일어나 밥 하고 찌개를 끓이고요. 한국 남성의 경우, 특히 밥과 관련해서 엄마에게 받은 정서적 경험이 큰데요. 부부 상담을 해보면 흔히 남편이 아내를 공격하는 지점이 "당신이 언제 나에게 더운밥을 해준 적 있어?"입니다. 아침밥을 안 주면 사랑하지 않는 것이라고 생각합니다. 빵으로는 대체할 수 없고, 갓 지은 밥이어야 합니다. 늘 우리 엄마가 해주던 갓 한 따뜻한 밥, 밥은 몸과 관련해서 중요한 것이라는 이미지인 거죠.

반복적인 행동이 일어나면 그런 표상이 내면에 자리를 잡습니다. 구조를 만드는 겁니다. 엄마는 이런 존재, 사람은 이런 존재, 여자는 이런 존재, 남자는 이런 존재…. 아이들 내부에 이런 프레임을 갖게 됩니다. 이것이 내면화 과정입니다. 일회성이 아닌, 수많은 상호작용을 통해서 일어나는 것이죠.

황사가 심하면 창문이 닫혀 있어도 유해 물질이 뚫고 들어와 잔재를 남기듯이, 엄마 아빠와 하는 상호작용도 심리적으로 미세한 잔재를 남깁니다. 그러다 보면 잔재가 쌓여서 형태와 구조가 만들어집니다. 아이의 심리적 기초공사에 지대한 영향을 미치는 것입니다. 그런 내면화 과정에서 아이들이 거치는 여러 단계가 있습니다.

함입 → 내사 → 동일시

함입은 부모와 자신과의 경계가 없습니다. 아이가 젖을 먹을 때 '엄마가 젖을 주는구나'가 아니라, '젖이 들어오는' 것입니다. 엄마가 젖을 준다가 아니라 엄마와 나의 경계 구분이 없는 상태에서 내가 필요하면 젖이 들어오는 것입니다. 원치 않으면 젖이 빠집니다. 이런 것이 함입입니다. 아이는 처음에 어떤 대상을 받아들일 때 엄마와 나를 구분하지 않습니다. 나와 타자의 구분이 없습니다. 항상 물에만 있는 물고기가 물이 무엇인지 모르는 것과 마찬가지입니다. 그러다가 내사 과정에서는 자기와 타인의 구분이 이루어집니다.

나의 내면에 메시지가 들어와서 타자의 목소리로 남아 있습니다. "예뻐, 잘생겼어"라는 이야기를 엄마에게 계속 들으면, 아이는 어느 시점에서는 '우리 엄마는 내가 참 예쁘고, 잘생겼다고 했는데'라고 생각합니다. 내 속에 존재하는 목소리지만, 타인의 목소리로 존재합니다. 한편 "넌 성질이 못돼서 결혼을 못한다"라는 말을 엄마가 계속 하고, 옆에서 오빠가 "내가 남자라도 너랑은 결혼 안 해"라고 한다면, '내가 참 못됐다고 엄마가 늘 이야기했어'라고 생각하게 됩니다. 이런 것이 내사입니다. 내 속에 자리 잡았지만 타인의 목소리로 있는 것이죠.

그런데 이야기를 지속적으로 듣다 보니 어느 순간 '내가 참 못됐지'라고 생각하는 것이 동일시입니다. 내면에 들어와서 자리를 잡는데, 내 목소리로 자리를 잡게 되는 것입니다. '나도 내가 싫어' 이런 생각이 들면서 성격적인 열등감이 되는 경우입니다. 반대로 "착해", "양보를 잘한다", "순하다"라는 이야기를 줄곧 듣고 살다가 '이런 거 바보 같아, 착한 게 싫어'라는 내 목소리로 동일시될 수도 있습니다.

이처럼 내면화되어가는 과정에서 내가 관계를 맺는 사람들 중에서도 중요 타자가 있습니다. 주로 가족 구성원이고 그중에서도 부모가 가장 핵심이 됩니다. 최초의 대상인 부모가 계속해서 아이에게 주는 메시지가 자기 표상이나 심리적 구조의 핵심이 됩니다.

처음 발생되는 이미지의 기원은 부모나 중요한 타자들이 반복적으로 주었던 상호작용에서 발생했을 가능성이 큽니다. 그만큼 부모라는 존재가 아이에게 미치는 힘이 강력합니다. 우리가 일생 동안 이 이미지 속에서만 계속 사는 것은 아니지만, 중요성은 부인할 수 없습니다.

'내가 어떤 이야기를 아이에게 하고 있는가?'를 떠올려보세요. 계속해서 아이에게 주어지는 메시지는 아이의 심리적 구조가 됩니다.

야단칠 때 반복해서 들려주는 메시지가 그 아이의 심리적 구조가 되는 것이죠. 게다가 옆에서 가족들까지 한마디씩 하면, 여러 명이 주는 다수의 피드백은 더욱 강력한 자기표상이 됩니다.

너는 그럴 만한 가치가 있는 존재야

아이가 태어나서 신체적으로 어떻게 자라는지는 많은 연구가 진행되었고 잘 알려져 있습니다. 그러나 아이와 부모의 관계가 어떻게 만들어지는지, 심리적으로 어떻게 성숙해가는지에 대한 설명이 많지 않은데, 대인관계이론가 해리 설리번Harry Stack Sullivan이 재미있는 개념을 선보입니다.

우리의 성격은 중요한 타자와의 관계에 의해 만들어진다. 이 성격이 자기충족적 예언을 만들어내고, 이것이 다른 사람과의 관계를 왜곡하는 면이 있다. 성격은 중요 타자와의 관계를 통해서 맺어지는 것이다. 즉, 중요 타자와의 상호작용을 통해서 성격이 형성된다.[8]

부모가 아이를 보면서 "아휴, 예뻐", "귀여워" 같은 이야기를 계속 할 수 있습니다. 그런데 이때 부모는 아이에게 말만 하는 것이 아닙니다. 어린 시절의 관계는 언어적 상호작용도 있지만 상당 부분은 접촉과 응시 같은 비언어적인 상호작용으로 이루어집니다. 그래서 언어적, 비언어적 메시지가 동시에 전달됩니다.

부모가 아이에게 보내는 메시지, '네가 아주 귀하고 소중하다, 너를 참 많이 기다렸다, 너는 아주 중요한 존재다'라는 것이 말로만 전해지는 것이 아닌 거죠. 반대로 '너는 원하던 아이가 아니야, 너를 안 낳으려고 했어, 차라리 안 생겼으면 했던 원하지 않은 아이야'라는 메시지도 있습니다. 부모가 이런 메시지를 직접

말로 하지는 않지만, 비언어적인 상호작용, 눈빛, 한숨, 떨쳐내는 손길, 외면하는 뒷모습 등에서 전달됩니다. 이런 비언어가 모여서 잔재를 만들고, 이 잔재들이 틀을 만듭니다.

내가 아이와 하는 수천 번, 수만 번의 상호작용을 통해서 아이는 나라는 존재에 대한 세상의 관점, 그중에서도 특히 부모의 관점을 내 속에 받아들이고 그런 것이 모여 아이의 성격 형성에 중요한 기반이 됩니다.

예를 들어 엄마가 정말 원하지 않았던 아이가 있습니다. 엄마는 '너 아니었으면 네 아빠랑 안 살았어', '네가 태어나는 바람에 어쩔 수 없이 결혼한 거야', 이런 메시지를 다각적인 방식으로 아이에게 이야기합니다. 다른 친척들과 통화하면서 이야기하고, 할머니가 오셨을 때 울고, 아빠랑 싸웠을 때 돌아누워서 혼잣말을 하듯이 이야기합니다. 그러면 아이는 '내가 아니었으면 우리 엄마가 이렇게 살지 않았을 것이고, 이토록 힘들지 않았을 것이다'라는 생각을 하게 되고, '나는 짐이다'라는 자기예언을 갖게 됩니다.

엄마와의 상호작용에서 끊임없이 언어적, 비언어적으로 내가 엄마에게 짐이 되는 존재라는 메시지를 인식하고 자란 아이는 관계에서 '나는 짐이다'라는 예언을 갖게 되는 것이죠. 이런 예언을 생애 초기에 깊숙하게 형성시키는 대상이 부모라는 것입니다.

이런 사람은 연애를 할 때도, 결혼생활을 하면서도 상대에게 짐이 되지 않으려고 노력합니다. 결혼생활 중 배우자에게 생활비를 받을 때 벌을 받는 것처럼 생각합니다. 이런 사람은 돈을 받아서 쓰는 게 비참하게 느껴지고 카드이용 알림이 남편에게 가는 것이 두렵습니다. 짐이 되지 않아야 하니까 평생 눈치를 봅니다. 밥을 먹으면서도 자신이 짐처럼 여겨져서 남은 것을 먹습니다. 그러면서 '좋은 걸 자꾸 먹으면 안 되는데'라고 생각합니다. 다른 사람이 있으면 좋은 음식을 차려 먹지만 혼자 먹을 때는 대충 밥을 한 그릇에 담아서 먹습니다.

하지만 부모와의 관계에서 굉장히 중요한 아이로 상호작용을 하며 자란 아이는 부모 곁을 떠나 세상과 만나도 자기가 중요한 사람이 될 거라는 예언을 하게 됩니다. 세상과의 관계에서도 '저 사람은 나를 좋게 볼 거야, 호감을 가질 거야'라고 생각합니다. 부모에게 "너는 참 귀하다", "넌 잠재력이 있어" 이런 이야기를 많이 듣고 자란 아이는 살면서 생각대로 잘 안 되어도, 상황이 안 좋게 흘러가도 '난 쉽게 끝나지 않아'라고 생각합니다. 근거 없이 이렇게 생각하면 망상이지만 이 가능성이 자신에게 있다고 믿으면 이걸 끝까지 붙들고 실제로 목표를 이루어냅니다.

아이에게 어떤 메시지를 주느냐에 따라 아이가 살아갈 인생에서 평생 짐처럼 살 수도 있고, '나는 가능성과 잠재력이 있는 사람'으로 살 수 있습니다. 이 예언의 최초의 작동은 부모로부터 시작됩니다. 부모가 이 핵심적 예언의 출처가 된다는 것은 부모의 영향력을 다시 한번 생각하게 만듭니다.

나에게 주는 예언

누구나에게 각자의 예언이 있습니다. 예를 들어볼까요? 수강생 100명이 듣는 강의에서도 특히 강의를 집중해서 잘 듣는 사람은 제 눈에 띕니다. 강의하는 사람으로서 경청하는 모습을 보면 호감을 느끼게 됩니다. 그런데 제가 그 호감을 느끼는 정도를 가지고 1등에서 100등까지 한 줄로 세운다고 이야기를 한다면, 이 이야기를 듣는 순간 '난 앞쪽 순위일걸' 이렇게 예언하는 사람이 있습니다. 아무런 근거 없는 예언입니다. 반대로 '난 앞쪽은 어려울걸'이라고 예언을 하는 사람도 있습니다. 역시 아무런 근거 없는 예언입니다. 이 예언들의 기초는 자기가 살아온 역사 때문입니다. 같은 상황에서 상대가 나를 좋아할 거라는 쪽으로 예언을 하는 사람과 누가 나를 좋아하기는 어려울 거라는 쪽으로 예언을 하는 사람이 있습니다. 살아오면서 중요한 다른 사람들과의 상호작용을 통해 경험한 것이 이런 상황에서 영향을 주는 것입니다.

예언이 작동되면 어떤 현상이 일어날까요? 우선 누가 자기에게 호감을 느낄 거라고 생각하는 사람은 상대와의 눈 마주침이 훨씬 많습니다. 상대가 나를 좋아한다고 생각하면 눈을 보게 되어 있습니다. 듣는 표정이나 웃는 모습에도 적극적인 얼굴 근육이 나옵니다.

왜냐하면 상대방이 나를 좋아할 거라고 생각하니까 적극적으로 호응을 합니다. 상대방이 나를 별로 좋아하지 않을 거라고 생각하는 경우에는 눈이 마주치면 시선을 피하거나 민망한 표정이 나옵니다. 이때는 상대방을 바라보는 데 사용하는 비언어적인 면이나 얼굴 근육의 모양이 다르게 나타납니다.

이런 식의 예언을 가지고 6개월, 또는 그 이상의 시간을 상대방과 접촉하고 만난다면 이 예언은 현실이 됩니다. 집에서 부모가 마음 깊은 곳에서 자기 편이라고 생각하는 아이들은 학교에 가서도 선생님이 자기를 좋아할 거라고 믿습니다. 선생님이 자기를 좋아할 거라고 믿는 아이들은 학교에 가서 적극적으로 수업에 반응합니다. 집에서 지적당하고 불편하다는 메시지를 많이 받은 아이, 부족하고 아쉽고 마음에 안 든다는 예언을 많이 받은 아이는 선생님도 자기를 그렇게 생각할 거라고 여깁니다. 그런 상호작용을 3개월, 6개월, 1년간 주고받다 보면 예언대로 관계왜곡이 일어날 가능성이 커지게 됩니다.

물론 반드시 일방향으로 가지 않습니다. 모든 것이 결정되면 끝이라는 결정론에 기죽을 필요는 없습니다. 어떤 아이는 부모한테 사랑을 못 받아서 선생님에게 사랑을 받을 수 있습니다. 인간의 타고난 기능이 그렇습니다. 한 곳이 좌절되면 한 곳을 살려야 하기 때문에 인간은 무언가를 상실하면 다른 곳을 복구시키려고 합니다. 안에서 많이 무시당한 사람이 밖에서는 영향력을 갖기도 합니다. 꺾는다고 해서 반드시 꺾이지만은 않습니다.

그러나 어린 시절에 너무 강력한 메시지가 전달되면 영향을 많이 받을 수밖에 없습니다. 따라서 균형을 유지하는 것이 중요합니다. 주의할 점이 긍정적인 예언을 한다고 너무 많이 부풀려 놓은 예언이 있습니다. "네가 제일 잘생겼어", "아무도 너를 이길 수 없어", "너는 가문의 자랑이야", "너는 너무너무 특별해", 이렇게 과장되게 이야기하는 경우가 있는데 이것도 관계왜곡을 가져오게 됩니다. 무조건 긍정적인 것을 많이 부풀려주는 게 좋은 것이 아니라, 부담이 되지 않도록 대체로 견딜 만하고 어느 정도의 사실에 기반하여 납득할 만한 메시지를 주는 게 중요합니다. '나란 존재는 괜찮아', '이만하면 됐지', '충분해'라는 것이 아이에게는 굉장히 중요한 느낌입니다.

내가 원가족과의 사이에서 예언이 생기면, 심리적 상호작용을 통해 평생에 걸쳐 영향을 받습니다. 연애를 해서 사랑하는 사람을 만나고 결혼을 하고 아이를 키우는 인생의 전 과정의 결정적이고 중요한 관계에서 이 예언은 반복됩니다. 그런데 이 예언들이 아무 때나 작동하는 게 아니라 내가 만나는 중요한 관계에서 재생될 가능성이 높습니다.

보통 때는 그냥 지니고 삽니다. 짐이 된다는 생각으로 오그라들고 스스로 초라해지는 느낌에 시달리지 않습니다. 그런데 남편 또는 아내 앞에서는 심해집니다. 아이 앞에서는 참을 수가 없습니다. 연애할 때는 미쳐버립니다. 이렇듯 예언으로 생긴 관계왜곡은 중요한 관계 속에서 그 모습을 드러냅니다. 그러니 사랑하는 자가 나를 가장 아프게 하고, 나도 사랑하는 자를 가장 아프게 하는 것입니다. 이 메시지가 이렇게 작동합니다.

우리는 자신에게 가장 익숙한 방식으로, 내가 받아왔던 방식으로 사람을 대하게 됩니다. 스쳐가고, 깊게 맺지 않아도 되는 관계라면 자신을 숨길 수 있습니다. 하지만 중요한 관계에서는 적당히 숨길 수가 없습니다. 자신의 부정적인 경험이 내 아이를 키우면서 나타나고 있다면 이를 끊어야겠지요. 이 악순환을 끊는 방법은 자신의 심리적 예언과 행동을 자각하는 데서부터 시작합니다.

나는 부모와의 상호작용에서 무엇을 예언으로 받았을까를 생각해보십시오. 부모에게 받은 것도 있지만 내가 무의식중에 선택한 것도 있습니다. 사실 어느 시점까지는 부모가 준 것이고 어느 시점부터는 내가 선택한 겁니다. 부모가 나에게 짐이라는 예언을 줬다고 해서 내가 평생 짐으로 살아야 하는 건 아닙니다. '내가 왜 짐이야? 난 짐이 아니야' 하고 어느 순간 떨치고 나올 수 있는 힘도 분명 자신 안에 존재합니다.

내가 채택하는 예언이 있습니다.

'나는 굉장히 중요한 사람이야, 나는 위기가 와도 삶을 돌파해나갈 한끝이 있는 사람이야.'

이런 예언은 부모로부터 받아서 결정적인 순간에 이 예언을 내가 채택하고, 어떤 상황이나 관계 속에서 영향력을 발휘합니다. 내가 누구인지 안다는 것은 이래서 중요하기도 합니다. 내가 무엇을 받았나, 무엇을 채택했나, 그리고 내가 이것을 가지고 내 아이와 배우자, 중요 타자들과의 관계에서 어떻게 행동하고 있는가, 이런 것을 안다면 어느 시점부터는 자신의 삶을 긍정적인 방향으로 돌릴 수 있습니다. 예언은 무의식 속에 쌓여 강력한 힘을 발휘합니다.

부모로부터 자신의 존재를 충분히 인정받은 채 성장했다면 아이는 다른 사람의 반응에 휘둘리지 않고 자신의 삶을 주체적으로 살아갈 수 있는 힘이 있습니다. 사랑하지만 내 아이가 나로 인해 아픔을 겪고 있다면 내가 아이에게 어떤 말을 하고 어떤 눈길을 보냈는지 찬찬히 떠올려보기를 바랍니다.

"인간을 형성하는 근본적인 것은 관계추구이고,
부모자녀관계에서도 에너지의 핵심에는
관계추구 욕구가 있습니다."

함입, 내사, 동일시

함입Incorporation은 가장 기초적 수준의 내면화로서 아직 자기 대상경계가 분명히 형성되기 전 대상의 특성과 경험이 자기 내면에 받아들여져 미분화된 상태가 되는 기제를 뜻합니다. 유아의 생애 초기 양육자가 아이를 자신의 소유물처럼 생각하며 아이를 다룰 때, 아이도 양육자와 분리되지 못한 채 자기와 하나라는 생각을 할 수도 있습니다.

내사Introjection는 자기와 대상이 조금 더 분화되어 내면화된 타인의 이미지가 자기 이미지와 융화되지 않은 상태입니다. 내면화되었으나 함입처럼 전체가 자기의 특성으로 삼켜진 것도 아니고, 동일시처럼 일부만 선별적으로 자기에게 귀속된 것도 아닌 상태입니다. 이때 대상은 자기의 내면에서 정서적인 힘의 영향을 발휘할 수 있습니다.

동일시Identification는 대상의 특성들을 선별적으로 받아들여 자기의 특성으로 변형시키는 기제를 말합니다. 함입이나 내사보다 좀 더 선택적이고 세심하게 다듬어진 내면화 기제라 할 수 있습니다. 동일시는 생애 초기 발달과정뿐만 아니라 평생 지속될 수 있습니다.

프로이트의 동일시[9]는 조금 다른 의미입니다. 프로이트는 성적 에너지를 추동의 중심으로 보았습니다. 아들 중심으로 오이디푸스 콤플렉스를 설명하였는데 아이가 태어나서 최초로 사랑하는 대상은 엄마입니다. 엄마와 단둘이 정말로 밀접한 관계를 맺고 싶은데 중간에 누가 있습니다. 누구일까요? 엄마가 나만큼 신경을 쓰는 존재인 아빠를 자각하기 시작하는 것입니다. 그래서 아빠를 없애버리고 싶다는 심리를 가지게 됩니다. 아이는 마음속에 이런 느낌이 있다는 게 불편합니다. 하지만 아빠는 없애기에 너무 큰 존재입니다. 내가 불편한 대상으로 느끼니까 저 대상도 나를 불편해할 것이다, 내가 미워하니까 대상도 나를 미워할 것이다, 이렇게 아이는 생각하게 되고 거세불안을 경험합니다. 하지만 아빠를 없애버리고 싶은데, 도무지 힘도 몸도 마음도 아빠에게 상대가 안 되니까 이 상황에서 오이디푸스 콤플렉스를 넘어서는 전략으로 쓰는 게 '동일시'라는 거죠. 내가 엄마와 하나가 되기 위해서 저 대상을 떼어내고 싶은데 그 일이 만만치 않으니까 궁여지책으로 만들어낸 것이 엄마가 사랑하는 대상인 아빠와 비

숫해지는 형태의 동일시를 이뤄가고 아빠의 많은 것을 닮아간다는 것입니다.

그런데 이렇게 복잡하고 다소 이상하게 느껴지는 프로이트의 이론에도 일리 있는 부분이 있습니다. 인간의 관계는 대부분 2자관계가 아니라 3자관계입니다. 한 대상과 오롯이 사랑을 주고받는 관계가 이상적이지만, 세상의 많은 관계는 내가 사랑하는 사람이 나를 사랑하지만 다른 사람도 사랑하는 것을 견뎌야 하는 관계, 즉 3자관계입니다. 태어나 보니 엄마에게 다른 자녀와 남편도 있고, 선생님에게는 다른 학생이 있고, 상사에게는 다른 직원이 있습니다. 유일하게 3자관계를 하지 말라고 제약을 가한 게 결혼관계입니다. 딱 둘만 관계를 맺어야 한다고 정해놓은 우리의 규칙이죠.

성숙한 관계의 방식은 3자관계를 견디는 것입니다. 내가 너를 사랑하는데, 너는 더 사랑하거나 덜 사랑하는 누군가가 있다는 것. 이 상황을 견디는 것입니다. 물론 어렵습니다. 형제관계에서 라이벌 의식이 대부분 이 3자관계를 처리하는 것입니다. 부모자녀관계도 마찬가지입니다. 오이디푸스 콤플렉스도 3자관계에 대한 설명이라는 점에서 주목할 만합니다.

4강

누구나
처음 부모가 되었다

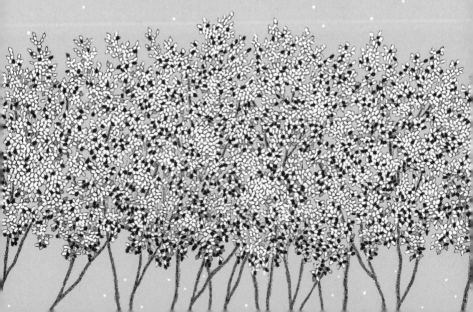

관계의 시작, 애착이라는 이름으로

관계를 내면화시키는 형태에 대한 이론으로 앞서 설명한 볼비의 애착이론이 있습니다.[10] 부모가 아이의 내면으로 들어오면 부모와 관계를 맺는데, 이 행동을 한편으로 대상관계, 다른 한편으로는 애착이라고 말할 수 있습니다.

애착유형을 나누는 용어는 학자별로 다르지만, 여기서는 간단하게 살펴보겠습니다. 내면화 과정을 통한 부모와의 관계 패턴에서 안정애착을 형성하는 사람이 있고, 불안애착을 형성하는 사람이 있습니다. 또 회피애착을 가진 사람이 있습니다.

안정애착은 돌보는 이가 아이의 욕구나 반응에 대하여 편안함을 느끼고 표현할 수 있도록 상호신뢰를 맺는 관계입니다. 안정애착은 어떤 경우에 형성되는가 하면 아이에 대해 부모가 적절한 민감성을 가지고 반응한 경우입니다. 즉, 아이가 배가 고플 때 젖을 주고, 기저귀가 불편하면 갈아주고, 접촉을 필요로 할 때 만져주고, 어떤 반응을 할 때 응시하고 반영해주면 아이는 안정애착유형을 가지게 됩니다.

그런데 불안애착을 가진 아이들은 돌보는 사람을 믿지 못합니다. 신뢰감 형성이 잘 안 되는 것이죠. 세상이 나를 버릴지도 모른다는 불안이 높습니다. 무언가를 요청할 때마다 반응이 불규칙했기 때문입니다. 부모가 기분이 좋으면 과하게 얼러주고, 기분이 나쁘면 요구를 무시받은 경험을 한 것입니다. 죽을 듯이 우는 아이를 굶긴다는 것은 굉장히 극단적인 경우인데, 부모가 게임중독에 빠져서 아이를 굶깁니다. 기저귀를 몇 시간이나 갈아주지 않아서 피부가 짓무르는 불쾌감을 경험하고, 밤에 자다가 울어도 엄마가 일어나지 않습니다.

어떤 경우에는 내가 원하는 것을 줄 것 같고 어떤 때는 주지 않을 것 같은 형태가 반복되면 아이는 불안해집니다. 그런데 어떨 때는 젖을 준 적도 있기 때문에 아이는 포기하지도 못합니다. 이른바 매달려 있는 아이, 아이에게는 불안한 형태의 상호작용이 자리 잡는 것이죠.

한편 돌보는 이가 아이의 욕구와 반응을 민감하게 반응하지 못하고 냉담하여 아이로 하여금 친밀감과 신뢰감을 형성하지 못한 관계는 회피형 애착으로 이어집니다. 오랫동안 지속적이고 반복적인 좌절을 주면 아이는 회피형 애착유형을 띠게 됩니다. 즉, 울어도 소용없다는 경험을 많이 하면, 더 이상 울지 않게 되는 거죠. 뭔가를 해결하는 것이 아니라 차단하는 것, 거리를 두는 것입니다. 아이 나름대로 생존하기 위해서입니다. 한편 지나치게 침범과 관여가 많은 부모와의 상호작용에서도 회피하는 경향을 보입니다.

중요한 것은 부모와는 차단하더라도 다른 대상과는 관계를 맺어야 하는데, 부모와 거리를 두었던 사람은 애인을 만나고 친구를 만나도, 또 선생님과도 거리를 두게 됩니다. 부모에게 불안했던 아이들은 사랑하는 이를 만나도 계속 불안합니다. 사랑을 하고 이별할 때까지 불안해합니다. 부모가 이런 상태이면 아이는 괴롭습니다. 부모는 아이를 정서적으로 만져줄 수가 없으니까요. 아이와 부모의 스킨십이 뭐가 그렇게 어려울까 싶지만, 접촉을 해주지 못하는 부모도 많습니다. 아이 등을 한 번 쓰다듬는 데 몇 개월이 걸렸다는 내담자를 만난 적이 있습니다. 심한 경우에는 등에 손 한 번 얹는 일이 손이 바들바들 떨리고 불편해서 용기를 내야 하는 일일 수도 있습니다. 이들은 만져보거나 누군가의 손길을 받아본 적이 없어서 신체적 접촉이 주는 위안이 어떤 것인지 모르고 위험하게만 느낍니다.

불안애착의 가장 중요한 특성은 상대에게 의존적이고 친밀한 관계에 대해 불안을 많이 느낀다는 점입니다. 나를 싫어할까 버릴까 미워할까 두렵고 진짜 사랑받고 있는지 확인하고 싶어 분주하고 동동거립니다. 그 결핍을 보상받고자 끊임없이 확인하고 불안해하는 것이죠.

하지만 안정애착을 가진 사람은 친밀감을 느끼고 자신을 개방하는 데 크게 불안해하지 않습니다. 따라서 좋은 것도 보이고, 좋지 않은 모습도 보일 수 있습니다. 그래도 불안해하지 않습니다. 이것이 건강한 관계입니다.

오히려 부모에 대해서 너무 좋게만 이야기하는 경우, 그 관계는 경직된 것으로 보입니다. 그간의 세월 속에서 수많은 복잡한 것이 필연적으로 연결되어 있어 긍정적으로만 이야기할 수 없는데도 우리는 좋다고 우기는 것입니다. 어떤 부분은 존경하지만 어떤 부분은 받아들일 수 없고 힘듭니다. 이런 것을 편하게 이야기할 수 있어야 건강한 관계입니다. 좋은 것과 나쁜 것이 통합된 형태가 안정적이라고 볼 수 있습니다.

회피적인 애착을 형성하면 신뢰감이 부족하므로 친밀해지는 것에 대해 두려움이 있고 자신을 드러내지 않기 위해 거리를 유지합니다. 그래서 관계를 맺을 때 항상 거리를 둡니다. 일정한 거리를 뛰어넘어 들어오면 위협적으로 느끼고 불편해하는 것이죠.

아이들을 한번 떠올려보세요. 우리 아이가 나와는 어떤가요? 또 배우자와 나의 관계는 어떤가요? 안정적인가요? 불안한가요? 거리를 두고 있나요? 생각해보기를 바랍니다.

생애 초기 결정적 시기

유아기의 애착이 이후의 사회생활에 미치는 영향은 무시하기 어렵습니다. 학자들은 애착유형이 결정되는 것을 만 18개월로 봅니다. 생후 1년 반이 지나면 아이의 애착유형을 확인할 수 있습니다. 이때 형성된 애착유형이 성인기에도 반복될 확률이 상당히 높다는 연구도 있습니다. 이 시기에 불안애착을 형성하면 나중에도 불안한 애착유형으로 살아갈 가능성이 높습니다. 반론도 있긴 하지만, 어릴 때 결정된 유형이 이후 사회생활이나 관계에 지속적인 영향을 미칠 가능성을 배제하기는 어렵습니다.

부모와의 관계는 상호작용과 내면화 과정을 거쳐서 틀을 형성하는데, 이 틀이 애착유형이라고 보면, 애착유형은 중요한 관계에서 다시 나타날 수 있습니다. 인간 생의 가장 초기에 형성된 애착관계가 성인이 되어 다시 등장하는 것입니다. 특히 중요한 관계에서 두드러집니다. 초기의 애착유형이 인간이 맺어나가는 타인과의 관계에 유일하게 영향을 미치는 경험은 아니지만 어렸을 때 형성된 애착유형은 관계의 틀을 형성하기 때문에 성인이 되어서도 완전히 여기서 자유롭기는 어렵습니다. 어린 시절 부모와 맺은 애착관계는 대부분 이성을 만나기 시작하는 이십대를 기점으로 선명하게 모습을 드러냅니다. 특히 정서적으로 깊은 친밀감을 형성해야 하는 관계나 배우자처럼 평생 유지해나가야 하는 관계에서는 그 유형이 나타나고, 또 아이와의 관계에서 다시 반복됩니다.

물론 관계왜곡과 마찬가지로 완전히 고정되지 않고 바뀔 수 있습니다. 강의나 상담, 교육을 통해서 삶의 어떤 부분을 조절하는 것은 가능합니다. 우리 아이가 만 18개월이 지났고, 대상관계이론에서 말하는 생후 3년, 프로이트 이론의 생후 6년도 다 지났다고 해도 조절할 수 있습니다.

하지만 정신분석이론이나 대상관계이론에서는 아이들의 초기 경험을 중요시합니다. 예전에는 아이가 아무것도 모른다고 생각했지만, 이를 연구한 내용이 심층적으로 밝혀지면서 어릴 때 기억이 나지는 않지만 무의식적인 면이나 잠재된 심리적 요인에서 깊은 관련이 있다는 것을 여러 대목에서 발견하게 됩니다. 심리적으로 심하게 망가져 있는 사람들은 생애 초기 경험에서 어려움이 많았던 것을 자주 확인할 수 있습니다.

학자들이 말하는 초기 경험의 시기는 생후 2~3년(6년 이전)입니다. 이 시기에 너무 심한 심리적 좌절을 겪고 외상이 크면, 다음 단계에서 많은 것을 공급해도 복구하기가 어렵습니다. 이 시기에 신체적 결함이 심하게 발생하면 장애가 생기거나 죽는 것과 마찬가지로, 극심한 심리적 좌절을 겪으면 이를 복구하기 위해서는 엄청난 에너지가 필요합니다.

이런 심리적 좌절 경험을 생애 초기 2~3년 하고 나면, 이후에 그 아이에게 세상은 믿을 만하고 세상에는 엄마 아빠와 달리 건강한 사람이 많으니 불안에 떨지 말라고 말해도, 이 메시지가 흡수될 가능성은 현저히 낮아집니다.

태어나자마자 초기에 양육자가 계속 바뀌는 경우도 그렇습니다. 바쁜 부모가 아이를 돌볼 수 없게 되고 할머니가 아이를 키우다가 상황이 여의치 않아 다시 양육자가 바뀌어버립니다. 그런 과정이 수차례 반복됩니다. 이런 식으로 주 양육자가 끊임없이 바뀌는 경험을 한 아이에게 세상은 안전한 곳이라고, 도전해볼 일이 많다고 친절하게 말해도 아이 입장에서는 그렇게 받아들이기가 어렵습니다.

하지만 결정론에 심하게 좌절하고 포기하지 않기를 바랍니다. 아이는 '보통'의 부모가 '그럭저럭' 키우면 '괜찮은' 인간으로 살아갑니다. 대부분 우리 주위에 있는 많은 부모들은 정상적이고 괜찮습니다. 이 책을 읽고 공부를 해서 뭔가를 복구시키고 싶은 욕구가 있다면 꽤 훌륭한 부모일 확률이 높습니다. 극단적인 환경에 노출된 것이 아니라면 아이들은 보통의 삶을 살아갈 수 있게 됩니다. 내재적으로 아이가 태어날 때 갖고 있는 힘이 있기 때문입니다. 생애 초기 결정적 시기는 함부로 무시할 수도 없지만, 너무 과하게 반응하지 말라는 이야기를 하고 싶습니다. '결정론의 근심'이라고 이야기할 수 있는데, 지나치게 두려워할 필요는 없습니다.

결정론을 넘어, 바뀔 수 있다면

결정론을 형성하는 데 원인과 결과가 동일하게 작용하는 것이 아니라, 다각적 영향이 있다는 것은 이런 뜻입니다. 아버지가 알코올중독에 빠져서 아내와 자녀를 학대하면서 언어적, 신체적 폭력을 행사했습니다. 첫째 아들은 아버지와 똑같이 알코올중독에 빠지게 되었습니다. 아버지처럼 무능해서 직장도 갖지 않습니다. 그런데 둘째 아들은 술을 절대 입에도 대지 않고 지독하게 공부해서 법관이 되었습니다. 두 아들에게 누구 때문에 이런 모습으로 성장하게 되었느냐고 물어보면 어떤 대답을 할까요? 둘 다 아버지 때문이라고 답할 것입니다. 첫째 아들은 아버지를 보고 자라며 아버지를 닮은 알코올중독자가 되었습니다. 둘째 아들은 아버지로 인한 힘든 경험으로 술을 입에도 안 대고 누구도 손댈 수 없는 힘을 가지려고 몸부림친 결과, 그 자리에 이르게 된 것입니다.

요컨대 'A라는 원인이 있을 때 반드시 A라는 결과가 생긴다'는 게 결정론이 아닙니다. 긍정적인 것을 줬는데도 부정적인 형태로 나타날 수 있고, 부정적인 걸 받았는데도 긍정적인 형태로 나타날 수 있습니다. 내부에서 아이가 가지고 있는 기질이나 주변의 변수에 의해 많은 전환이 일어납니다. 주요한 존재와의 관계는 긍정적인 방향으로 가든 부정적인 방향으로 가든 삶의 중요한 모티프가 되고 다양한 결과의 원인이 됩니다. 부모라는 존재가 가진 결정론적 관점에서의 힘, 영향력은 신경 써야 할 부분이 많습니다. 다만 융통성 있게 바라보아야 하는 것이죠.

이렇게 부모와의 초기 관계가 중요하다고 이야기하면, 부모는 아이가 가지고 있는 약하고 부족한 점의 원인이 전부 나에게 있는 것 같아서 원인론에 빠져듭니다.

아이에게 가장 안 좋은 영향을 주는 부모가 바로 죄책감에 시달리는 부모입니다. 누가 나와의 관계에서 계속 죄책감을 경험한다면 그 사람을 만나고 싶을까요? 우리는 나에게 죄책감을 느끼거나, 느끼게 하는 사람을 멀리하고 싶은 욕구를 갖게 됩니다. 부모가 못해준 것에 대해 계속 죄책감을 갖고 아이를 대하는 것은 가장 좋지 않은 양육방법 중의 하나입니다.

부모 입장에서는 나름대로 잘한다고 한 것입니다. 알았으면 하지 않았을 행동인데, 잘 몰라서 한 행동인 거죠. 우리가 부모에게 받은 상처에서 벗어나려 할 때 부모를 용서한다고 해서 부모가 한 모든 행동을 용서하는 것이 아닙니다. 그 행동의 영향이 나에게 미친다는 걸 몰랐던 그들의 무지를 용서하는 것입니다.

'그 돈을 안 주는 게 나한테 어떤 의미인지 알았으면 나에게 줬을 텐데', '사람들 앞에서 그렇게 화를 냈을 때 내가 느낄 수치심과 공포심을 알았으면 안 그랬을 텐데' 하고 말이죠.

마찬가지로 아이들도 우리의 무지를 용서합니다. 죄책감에만 시달리며 과거에 머물러 있는 것이 아니라, 이제부터 봐야 할 것은 부모가 손댈 수 있는 것과 없는 것을 구분하고 할 수 있는 일을 하는 것입니다.

양육의 결과가 한 가지 원인에 기인한다는 선형적 원인론의 시선으로만 보지 않기를 바랍니다. 다각적 영향론은 아이들이 다양한 형태로 영향을 받을 수 있다는 것입니다. 그러니 죄책감에만 사로잡히지 말고, 나로선 최선을 다했구나, 생각하고 지금부터 해야 할 것을 바라보세요.

사실 부모라는 이름이 굉장히 무서운 것입니다. 누구나 처음으로 부모가 되어본 것이죠. 누구나 서른 살이 처음 되어보았고, 결혼을 처음 해봤고, 처음 경험한 서툰 일을 하고 있는 중이고, 그 처음 겪는 일들에 최선을 다한 것입니다. 죄책감에 빠지면 한 발짝도 뗄 수 없는 딜레마에 빠지게 됩니다. 이것은 오히려 아이에게 더 안 좋은 영향을 줄 수 있습니다.

버려짐의 두려움, 관계 매달리기

생수 한 병이 놓여 있습니다. 있어도 그만, 없어도 그만일 때는 있는지 없는지도 의식하지 못하고 방치하고 내버려둡니다. 하지만 만약 이 물이 사흘 동안 마실 수 있는 유일한 물이라면 어떨까요? 그렇다면 이 물을 남들 눈에 띄지 않도록 숨겨둘 것입니다. 무언가가 중요해지면 두려움이 나타납니다. 이전에는 물을 잃어버릴까, 누가 가져갈까에 대한 두려움이 없었지만 그것이 중요해지는 순간, 두려움이 나타나는 겁니다.

절대 포기할 수 없는 관계라면, 내 안에 두려움이 나타나게 됩니다. 부모자녀관계는 절대 포기할 수 없는 관계이니만큼 부모자녀 사이에는 좋은 것도 있지만 두려움도 많습니다. 배우자에 대해서도 마찬가지입니다. 배우자가 중요한 만큼 두려움이 많습니다. 인정하지 않을 뿐입니다. 중요한 관계는 두려움을 만들어 낼 수밖에 없습니다.

타인과의 관계에서도 두려움이 생기고 자기 자신과의 관계에서도 두려움이 발생합니다. 다른 사람과 상호작용을 하며 관계를 맺는 것이 인간의 근본적 욕구이기 때문에 이 관계는 계속될 수밖에 없습니다. 그런데 관계 속에서 우리가 느끼는 근본적인 두려움은 버려지는 것에 대한 두려움입니다.

두려움은 단어 그 자체로 부정적인 느낌을 줍니다. 내가 쓰레기도 아닌데 버려지다니요. 그럼 마음속으로 대답해보세요. '버려질까 봐 두려운가?', '주로 그 대상은 누구인가?', '누구에게 버려질까 봐 두려움이 생기는가?' 하고요.

버려질까 봐 가장 두려운 사람은 아마도 가족일 것입니다. 가족이 아닌데 떠올랐다면 애인, 또는 굉장히 중요하고 긴밀한 타자, 가족 안에서도 배우자나 자녀가 떠오를 것입니다.

그렇다고 우리 아이와 나에게 무슨 문제가 있을까요? 사이가 좋으면 버려지는 두려움이 없을까요? 오히려 사이가 굉장히 좋으면 두려움이 더 클 수 있습니다. 이 중요한 사람이 없으면 안 되기 때문입니다. 사이가 나빠서 느끼는 두려움이 아닙니다. 중요한 존재이기에 느끼는 두려움입니다.

우리가 최초로 이 감정을 느낀 대상은 부모입니다. 그리고 역설적이게도 우리가 이 세상에서 최초로 부모와 경험하는 사건이 바로 엄마와의 헤어짐입니다. 완전히 연결되었던 상태, 한몸이었던 엄마와 아이가 탯줄을 끊고 분리됩니다. 세상에 태어난 첫 순간을 엄마와의 결별로 시작하게 되는 거죠. 그것을 외상, 즉 트라우마(심각한 심리적 상처)로까지 표현하는 학자도 있습니다.[11]

두려움은 이상한 관계가 아니라 모든 관계에서 발생하고, 관계가 중요하면 더욱 깊게 발생합니다. 그런데 이런 두려움이 유난히 심한 사람이 있습니다. 이런 사람들의 경우, 계속해서 상대방이 나를 사랑하는지 확인하고 나를 버리지 않는다는 증거를 모으고 이를 확인해야 안심이 됩니다.

아침에 배우자가 제대로 인사를 하지 않고 출근을 했다든가, 등 돌리고 자는 것을 거부로 받아들이고 두려움을 느낍니다. 아이가 걸음마를 배울 때 자기가 해보겠다며 손을 뿌리치는 것만으로도 두려움을 느끼게 됩니다.

이런 경향을 보이는 사람들이 자주 하는 행동 중 하나는 부재중 전화를 계속하는 것입니다. 언제 오냐고 묻는 메시지를 수차례 보내고 받을 때까지 계속 전화하는 것이죠. 이 두려움이 많은 사람은 그럴 수밖에 없습니다. 상대방 핸드폰을 일정한 기간마다

검사하기도 합니다. 불안해서 하지 않을 수가 없습니다. 너무 괴로운 지옥행인데도 멈추지 못합니다.

　죽음도 관계의 단절이라는 점에서 그렇게 받아들입니다. 아이러니하지만 중요한 관계에서 상대방의 존재가 사라지면 내가 버려졌다는 느낌을 받습니다. 죽음이 주는 상처를 그렇게 받아들입니다. 그가 간 것이 아니라 나를 버렸다고 느낍니다. 그런데 우리는 버려지는 두려움뿐만 아니라 그 반대의 두려움을 쌍으로 가지고 이 세상에 태어납니다.

삼켜짐의 두려움, 관계 거리 두기

　배우자에게 너무 밀착돼 있고 너무 의존하는 나를 발견한다면 어떨까요? 누가 너무 중요해서 붙어 있어야만 하는 경우, 삶이 행복한 것이 아닙니다. 이러한 경우도 두려움이 있습니다. 바로 삼켜짐에 대한 두려움입니다.

　누군가와 친밀해졌습니다. 그 사람과 함께 쇼핑하고 여행 가고 취미생활을 하고⋯. 계속해서 모든 것을 그 사람하고만 해야 한다면 불편해집니다. 그때 올라오는 두려움이 바로 삼켜짐에 대한 두려움입니다. 누군가 너무 중요해져서 삼켜져서 내가 없어질 것 같은 두려움이죠.

붙어 있으면 삼켜질까 봐 두렵고, 떨어져 있으면 버려질까 봐 두렵습니다. 우리는 이 두 가지 두려움 사이의 관계 속에서 왔다 갔다 합니다. 아이, 배우자와도 마찬가지입니다. 이 두려움을 잘 관리하는 부모는 아이와 잘 지냅니다. 그런데 버려질까 봐 두려 움이 큰 부모는 아이의 독립성과 개별성을 허락하지 못합니다. 삼켜질까 봐 두려운 부모는 아이에게 자꾸 거리를 두어서 아이를 힘들게 합니다.

관계가 인간의 근본 욕구이면 이 두 가지 두려움은 당연한 것 인데, '나는 이 두려움을 잘 조절하고 있는 사람인가', '버려질까 봐 매달리고 확인하는 사람인가', '삼켜질까 봐 두려워서 거리를 유지하는 사람인가', 이 세 가지 유형 중에서 자신이 어디에 속해 있는지 잘 살펴보기를 바랍니다.

그런데 상반된 두 유형의 사람이 만나서 결혼을 한다면 기가 막힌 역동이 됩니다. 처음에는 서로가 매력적으로 보이기 때문입 니다. 거리 두는 사람에게는 매달리는 사람이 굉장히 생동감 있 어 보입니다. 불안해서 매달리고 전전긍긍하는지 모르고요. 반대 로 불안애착을 가진 사람 입장에서는 항상 초연해 보이고 미동이 없는 사람은 안정감을 주기 마련입니다. 하지만 나중에 이 두 사 람이 결혼을 한다면 어떨까요? 생동감 있는 그녀와 안정감 있는 그와의 결혼, 생동감은 불안으로, 안정감은 움직이지 않는 답답함으로 다가옵니다.

비어 있다는 두려움

사람들의 내부에는 비어 있음에 대한 두려움이 있습니다. 이 두려움은 무엇일까요? 남들이 자신을 바라보는 것보다 사실은 더 비어 있다는 느낌에 시달리고 있나요? 이것은 대부분의 사람들이 느끼는 보편적인 감정입니다.

내가 나이 마흔이 넘고, 오십도 넘은 어른이지만, 내 마음에 어른이 아닌 부분이 있습니다. 내 속에는 부모답지 않은 나, 아이들을 차별하고, 배우자와 대립할 때는 아이와 편을 이루어 감정을 조정하기도 합니다. 어른이라고 하지만 어른 아닌 나, 여성이지만 여성답지 않은 나도 있습니다. 그런데 자기 자신이 심하게 비어 있는 사람은 다른 사람의 눈치를 많이 봅니다. 내가 안에 없기 때문에 바깥에서 주는 피드백이 엄청나게 중요합니다. 바깥의 눈으로 괜찮아야 괜찮은 것이지, 나 스스로 괜찮은 것은 중요하지 않습니다.

아이에 대해서도 무언가 결정할 때 "왜 아직 그걸 안 해? 지금

그거 안 하면 안 된대" 하는 주변의 이야기를 듣고 불안해져서 엄청난 무리수를 두고 이를 관철시킵니다. 주로 외부 피드백에 의해서 움직입니다. 남들이 다 뛰는데 안 뛸 수 없다고 생각하면서 반응합니다.

내가 비어 있으면 외부의 시선이 나를 소용돌이치게 만듭니다. 감정 기복이 심해지는 거죠. 진짜 원하는 게 뭔지 잘 모르는 상태로 외부의 욕망에 의해 살아가게 됩니다. 이런 사람들의 특징은 밖에서 보기에 좋은 집, 좋은 차, 좋은 옷을 입고 바깥이 허락하는 방식으로 아이를 키웁니다. 자신이 진짜 무엇을 원하는지조차 모르고 이런 삶이 지속되면 삶이 공허할 수밖에 없습니다. 자신의 삶에 대한 중심이 없으면 곧바로 아이의 양육에도 영향을 가져옵니다. 자신뿐만 아니라 아이도 소용돌이치게 만듭니다.

타인과의 관계와 자신과의 관계에서 이런 두려움이 작동하고 있는데, 이런 두려움이 큰 사람은 사는 게 굉장히 어렵고 복잡해질 수밖에 없습니다. 나는 어떤 두려움이 큰지, 내 배우자의 두려움, 아이의 두려움은 어떤 것인지 이해하는 것도 중요합니다. 버려짐의 두려움, 삼켜짐의 두려움, 비어 있음의 두려움 등 이 두려움의 특징을 이해함으로써 내가 맺고 있는 관계의 갈등 원인을 살펴 더 나은 관계로 발전시킬 수 있습니다.

애착유형검사 (Hazan & Shaver, 1987)[12]

질문: 다음 중 어느 진술이 본인의 느낌을 가장 잘 표현한 것입니까?

1. 나는 사람들과 친해지는 데 약간 불편하다. 나는 사람들을 완전히 믿고 의지하는 데 불편함을 느낀다. 또한 나는 사람들과 너무 친밀해지면 예민해지고 가끔 상대방은 내가 느끼는 편안함보다 더 친해지기를 나에게 바란다.

2. 나는 사람들과 친해지는 것이 비교적 쉬운 편이다. 내가 상대방에게 의지하거나 또는 상대방이 나에게 의지하는 것이 불편하지 않다. 나는 상대방이 나를 버릴까 봐 두렵거나 너무 가까워지는 것에 대해 별로 걱정하지 않는다.

3. 나는 사람들과 친해지고 싶지만 사람들이 나와 가까워지는 데 주저하는 것 같은 느낌을 받는다. 나는 상대방이 정말로 나를 사랑하지 않거나 나와 함께 있고 싶지 않을까 걱정할 때가 종종 있다. 나는 다른 사람과 완전히 하나가 되고 싶지만 나의 이런 바람은 가끔 사람들을 두렵게 하는 것 같다.

> 1. 회피형 애착   2. 안정애착   3. 불안애착

불안애착유형과 회피형 애착유형의 비교[13]

	불안애착유형	회피형 애착유형
자신과 타인에 대한 인식	자신에 대해 부정적으로 인식함 다수와의 상호작용을 심리적인 위험으로 생각함	타인에 대해 부정적으로 인식함 다수와의 상호작용을 맺지 않음
삽화적 기억	고통스러운 기억 처리에 초점을 맞추고 부정적 기억에 많이 접근	고통스러운 기억을 억압함 부정적 기억에 대해 회피하고 접근을 하지 않음
다른 사람과의 상호작용	사람들로부터 수용, 사랑받고 싶어 하고 집단 상호작용을 안정감을 얻기 위한 기회로 인식	사람들과 거리를 유지함 사람들과의 상호작용 상황에서 독립성, 자율성 유지

아이의 심리적 탄생 발달 단계

마가렛 말러Margaret Mahler와 그의 동료들은 십 년 동안 38명의 정상 유아와 22명의 엄마를 관찰합니다. 생후 첫 몇 개월부터 만 3세가 될 때까지 아이가 혼자 있을 때와 엄마와 상호작용할 때를 각각 관찰했습니다. 이를 통해 말러는 아이의 심리적 발달 과정을 심층적으로 연구했습니다. 신체적 발달의 단계가 있듯이 심리적 발달의 단계도 존재합니다.

우리 아이들은 심리적으로 어떤 발달의 과정을 거쳐갈까요? 그녀는 아이의 발달 단계에서 '심리적으로 탄생'하는 과정을 분리와 개별화Separation-Individuation의 개념으로 설명하였습니다. 분리는 아이가 엄마와의 공생적 융합으로부터 벗어나는 것이고, 개별화는 아이가 자신의 개인적 특성을 갖추어가는 것입니다.

분리와 개별화 단계를 크게 나누어서 분화 전 단계(자폐 단계 0~2개월, 공생 단계 2~6개월), 분리 개별화 단계(부화 단계 6~10개월, 연습 단계 10~16개월, 재접근 단계 16~24개월), 대상항상성object constancy 발달 단계 (24~36개월+)로 볼 수 있습니다.

1. 분화 전 단계

자폐 단계 (생후 0~2개월)

이 단계의 아이들을 보통 신생아로 칭하는데 자기와 대상이 구별되지 않은 상태로 폐쇄된 심리 체계를 갖고 있습니다. 출생 이후 몇 주 동안 절대적인 일차적 자기애의 특징을 갖고 있는 시기로 자기나 대상에 대한 인식 없이 신체 감각만을 인식하는 단계입니다. 신생아는 환경과 자신의 내부로부터 발생하는 생리적 긴장을 늦추어 안정감을 유지하려고 하며 본능적 쾌락의 원리에 의해 움직입니다. 이 시기의 아이들은 하루의 거의 대부분을 자는 것으로 보냅니다. 양수로 둘러싸인 세상에서 공기로 둘러싸인 세상으로 이동해서 처음으로 입으로 무엇인가를 먹고 소화하며 이 세상에서 살 수 있는 준비를 하느라 온통 에너지가 내부로 향하는 듯이 보입니다. 잠시 젖을 먹다가도 아이가 자는 것을 깨워야 하는 경우가 생기기도 합니다. 아이들은 내부로 향해 있는 에너지로 인해 '자폐'라는 이름을 얻게 됩니다.

공생 단계 (생후 2~6개월)

모성몰두기간에 해당하는 공생 단계는 이제 막 분화가 시작되기 전 단계입니다. 유아가 몸 전체를 통해 경험하는 접촉, 지각적 경험 특히 피부를 통한 접촉에 민감하게 반응하는 시기입니다. 움직이는 얼굴 및 마주침은 사회적 미소반응을 가져옵니다. 아이의 미소는 대상에 대한 인식을 의미하기도 합니다.

이 시기 아이들의 특징은 내적 감각들이 자기의 핵심을 형성하여 '자기감'의 중심을 이루고 '정체감'을 만들게 됩니다. 많은 엄마들이 이때 모성몰두를 경험하는데 엄마의 에너지가 온통 아이에게 집중되는 경향이 있습니다. 아이는 자기의 욕구를 충족시켜주는 존재를 희미하게 인식하기 시작하며 아직 분리되지 않는 상태로 엄마에 대한 애착을 통해 자기와 양육자가 마치 하나인 것처럼 지각하게 됩니다. 엄마와 하나라는 느낌은 아이의 정상적 발달을 위해 매우 중요한데, 이런 느낌은 아이가 기본적인 만족감을 얻는 대상관계를 형성할 수 있게 하고, 이런 만족감의 경험이 자기신뢰 및 자기존중감 발달을 위한 바탕을 이룹니다.

모든 발달의 시기가 중요하지만 공생은 개별화를 위해서 선행되어야 하는 단계로 매우 중요합니다. 충분히 붙어 있었던 아이는 떨어지는 일, 헤어지는 일을 더 수월하게 할 수 있습니다. 젖을 양껏 먹었던 아이들은 엄마에게서 떨어져 나와 편히 자고 놉니다. 그러나 충분히 젖을 먹지 못한 아이들은 칭얼대며 젖 주변을 맴돌고 제대로 자지도 놀지도 못합니다. 심리적으로도 마찬가지입니다. 공생 시기에 충분히 붙어 있었던 사람은 사람과 분리되는 어려운 문제들을 수월하게 다룹니다. 하지만 이 시기에 어려움을 겪은 사람들은 영혼의 동반자, 함께할 존재에 대해 갈구하며, 평생 붙어 있을 강력한 대상을 찾습니다. 그리고 버려짐에 대한 두려움을 해결하느라 고군분투합니다. 사람들과 유난히 분리되는 것을 두려워하는 사람들은 이 시기의 어려움을 가지고 있을 가능성이 있습니다. 생애 초기 2~3년을 다른 사람에게 아이를 전적으로 맡기는 행위는 아이에게 공생적 문제를 야기시키는 행동이 될 가능성이 큽니다. 생애 초기 3년은 부모가 먹이고 입히고 재워야 합니다. 하루 종일 붙어 있지 못하면 일정한 시간이라도 규칙적으로 함께 있으면 됩니다. 완전하지 않아도 결정적 시기를 힘들다고 피하지 말아야 합니다.

2. 분리 개별화 단계

부화 단계 (생후 6~10개월)

생후 5개월이나 6개월이 될 무렵 공생은 분리 개별화 단계의 지각으로 넘어가게 되는데 이 시기의 생물학적 의미는 감각 중추를 작동할 수 있게 하는 의식 체계의 향상으로 아이의 운동능력이 발달하는 것입니다. 집요한 목표지향성을 나타내며 내부에 집중해 있던 아이의 관심이 점차 외부로 확장됩니다. 아이가 신체적으로는 뒤집기 시작하면서 이동이 가능해지고 엄마로부터 신체적 분리를 시키기 시작하는 단계입니다. 이때 아이는 자신의 신체를 자각하고 자기와 엄마, 다른 사람들을 구분하기 시작합니다. 이전에는 자신의 내면이나 자기와 엄마에게만 관심을 기울였지만 이제는 다른 사람들에게로 관심을 확장합니다. 엄마에게 집중되어 있던 관심이 아빠에게도 확장됩니다. 또한 낯선 사람을 보면 불안 반응을 보이게 됩니다. 아이가 낯선 사람을 보고 불안해하는 것은 정상적인 발달을 하고 있다는 의미입니다. 지나친 불안은 애착의 문제를 가지고 있는 것이지만 적절한 불안은 자연스러운 현상입니다. 엄마의 품에 온전히 몸을 맡기던 공생 단계와 대조를 이루며 엄마의 머리, 귀, 코 등을 잡아당기거나 엄마의 입에 음식을 넣기도 하면서 엄마와 엄마 주위의 모습을 관찰합니다.

연습 단계 (생후 10~16개월)

이 시기의 아이는 운동기능의 발달로 엄마로부터 떨어져 걸어 다닐 수 있게 되어 행동반경이 넓어지게 됩니다. 자신의 세계를 확장해 나가는 즐거움을 누리고 자율능력을 습득하면서 마치 자신이 모든 것을 할 수 있을 것 같은 착각에 빠지게 되어, 전능감과 건강한 자기애가 절정에 이르게 됩니다. 특히 이 시기는 아이들이 걷기 시작하면서 새로운 차원의 이동과 힘을 확보합니다. 아이들은 세상과 사랑에 빠진 것처럼 보입니다. 이동하면서 다양한 세상을 탐색하느라 들떠 있습니다. 엄마에 대한 관심이 엄마가 제공한 대상으로 확산되어 과도기대상이 선택되기도 하며, 엄마에게 떨어짐과 되돌아옴이 반복적으로 이루어집니다. 이때는 보행을 시작하면서 자기능력의 도취, 자기애의 정점을 이루게 됩니다. 유약한 아이가 자신에 대해서 경험하는 것이 자기능력의 도취나 전능감이라는 것은 매우 역설적인 측면이 있습니다. 적절한 양육이 이루어지면 아이들은 삶을 전능감에서 시작합니다. 한라봉을 깔 수 없는 아이가 이 시기에 한라봉을 자기가 까겠다고 달라고 합니다. 넌 못한다고 아예 차단하거나 아니면 할 수도 없는 것을 한다고 해서 아이를 야단치는 엄마가 있습니다. 이때 한라봉 어디쯤인가를 갈라서 다시 닫은 상태로 아이에게 줍니다. 돕지만 도운 것을 티내지 않고 아이가 한 것처럼 돕습니다. 이런 도움은 아이의 전능감을 촉진해줍니다. 좋은 도움은 도왔다는 티를 많이 내지 않는 것입니다.

이 시기에는 부모가 사라졌다가 나타나는 까꿍놀이나 부모의 시선에서 이탈하는 잡기놀이를 합니다. 관계가 근본적인 욕구라고 볼 때, 대상이 사라지는 일은 참 소화하기 어려운 일입니다. 심리적으로 어려운 주제들은 이렇게 놀이로 극복되고 체화됩니다. 심각한 것일수록 가벼운 접근을 통해 가르치는 것은 인류의 지혜이기도 합니다.

이때 건강한 엄마의 반응은 정서적 재충전을 이루어 아이의 발달에 대한 기쁨을 갖는 것입니다. 부모의 중요한 역할은 정서적 베이스캠프로서의 역할입니다. 높은 산을 오를 때 조난을 당하거나 어려움을 겪으면 베이스캠프에서 재충전을 하듯, 아이에게는 부모의 정서적 재충전이 중요합니다. 아이가 세상을 탐색하고 다니다가 어려움을 겪을 때 부모에게 와서 심리적 연료를 채우고 다시 세상을 탐색하러 가는 것이죠. 그런데 어떤 부모들은 자신이 안전기지임을 잊어버리고 아이와 같이 등반을 시도합니다. 아이가 조난을 당하면 부모도 조난을 당합니다. 안전기지는 거기 늘 있어야 합니다.

엄마는 아이와 정서적 접촉을 유지하면서 아이와 분리 노력도 하는 것이 좋습니다. 아이가 내 품을 떠난다는 분리의 고통을 피하려고 일부러 아이를 밀어내거나 아이가 아닌 엄마의 필요에 따라서 아이를 안아주는 것은 바람직하지 않습니다.

재접근 단계 (생후 16~24개월)

아이는 이때 심리적 위기를 겪게 됩니다. 혼자라는 것에 대한 인식이 커지면서 분리불안을 경험하며, 자기능력의 한계를 인식하게 되어 전능감이 붕괴되는 시기이기도 합니다. 아는 것도 많아지고 실패의 기억도 쌓여갑니다. 보자기를 어깨에 묶으면 날 수 있을 줄 알았는데 넘어집니다. 혼자 무엇인가 하겠다고 덤비다가 여지없이 좌절됩니다. 세상을 탐색하고 다가가서 보다가 두렵고 무서운 느낌들을 만나게 됩니다. 엄마에 대한 의존의 욕구는 더 강렬하게 늘어나지만 세상에 대한 탐색도 포기할 수 없는 갈등이 일어납니다. 그래서 엄마를 돌아보는 행동이 더 자주 일어납니다. 그리고 또 세상을 탐색하는 행동도 많아집니다. 건강한 엄마들은 이런 아이들의 혼란스러운 상태를 잘 담아냅니다. 아이가 엄마를 찾을 때 바라봐주고 괜찮다고 하고 세상으로 나아가도록 허락해줍니다.

그러나 건강하지 않은 엄마들은 아이가 의존할 때 기뻐하고 세상을 향해 개별화된 존재로 나아가려고 할 때 응징합니다. 이 응징은 미묘하고 복잡합니다. 무엇인가를 막 만지다가 넘어진 아이가 엄마를 바라보면 괜찮아, 하고 웃어주거나 그냥 쳐다봐주면 되는데, 심리적으로 공생의 문제를 해결하지 못한 엄마는 자신에게서 분리되어나간 아이가 부를 때 돌아보지 않습니다. 갈 때는 언제고 왜 지금 부르냐는 원망이 몸으로 드러납니다. 이런 갈등은 꼭 만 3세 이전에만 있는 것이 아닙니다. 성인이 된 자녀를 심리적으로 독립시키지 못하는 많은 부모들은 이 시기부터 사실 의존과 독립의 주제를 가지고 힘겹게 싸우기 시작합니다.

이 시기 아이들은 무력감에 대한 분노가 폭발하기도 하며 분리에 대한 감각이 증가합니다. 또한 대상항상성이 향상되어 대상을 새로운 방식으로 수용합니다. 엄마와 자신이 분리된 존재이며 엄마가 항상 곁에 있어주고 자신의 욕구를 만족시켜주는 존재가 아님을 깨닫게 됩니다. 엄마와 자신이 분리된 개별성을 가진 존재라는 것에 대해 알아간다는 것이죠. 그래서 엄마를 전적으로 좋기만 하거나 전적으로 나쁘기만 한 대상으로 번갈아 지각하면서 엄마에 대한 정신적 이미지를 통합시키게 됩니다.

이 시기의 아이들이 온 힘을 다해 엄마가 싫다고 해도 너무 놀라지 마세요. 그러다가 또 엄마를 엄청 좋아한다고 합니다. 아이는 심리적으로 왔다 갔다를 반복하며, 그렇게 좋아하는 엄마가 좋지 않은 특성을 동시에 지닐 수 있다는 것을 배우게 됩니다.

3. 대상항상성 발달 단계

대상항상성 단계 (생후 24~36개월)

엄마가 없을 때나 불편감이 있어도 비교적 안정적이고 신뢰할 만한 엄마를 유지하려면 대상항상성이 필요하게 됩니다. 엄마가 뽀로로를 보여주지 않아서 너무 싫지만 그래도 엄마가 좋다는 것을 함께 지니는 능력입니다. 만 3세 정도가 되면 아이들은 대상에 대해 사랑과 미움을 동시에 지니는 일을 겨우 할 수 있게 됩니다. 엄청 싫다면서도 다리 하나를 엄마에게 걸쳐 놓는 심리입니다.

대상항상성은 사람이 살아가는 데 있어서 대단히 중요한 기능입니다. 대상항상성이 있음으로 해서 타인에 대한 지각과 감정이 극단적이거나 일방향으로 흐르지 않고, 타인에 대한 부정적인 감정이 느껴지는 상황에서도 긍정적 정서를 기억하고 유지시킬 수 있습니다. 우리가 누군가를 오랫동안 보아오면서 전적으로 좋거나 전적으로 나쁘다고 생각하지 않는 이유는 이런 대상항상성을 유지할 수 있게 되었기 때문입니다. 하지만 모든 사람이 이 일을 성공하는 것은 아닙니다. 나이가 들어도 대상을 전적으로 좋은 대상, 전적으로 나쁜 대상으로 분류하고 합치지 못하는 사람들이 있습니다. 어른이 되어서도 아버지는 전적으로 나쁘고 어머니는 전적으로 좋은 사람으로 분류합니다. 내 편은 선하고 남의 편은 전적으로 악하다고 보는 경우가 이런 사람들의 특성입니다. 성숙하다는 것은 대상에 대하여 좋고 싫음을 버무리고 함께 지닐 수 있는 능력이라고 볼 수 있습니다.

대상항상성 단계의 아이는 부모에 대한 좋은 표상과 나쁜 표상을 통합시키기 시작하고 자신에 대한 좋은 표상과 나쁜 표상을 통합하여 자신의 정체성을 형성해나갑니다. 자신의 내부에 있는 부정적 측면과 긍정적 측면을 동시에 지니고, 한쪽이 등장할 때 다른 한쪽을 전적으로 배제하지 않을 수 있게 됩니다. 우리 속에 있는 연약함, 천박함, 수치스러움을 목격할 때도 내 속에 강한 것, 선한 것, 아름다운 것을 잊지 않는 것이 진짜 자존감이고 내적인 힘이라고 할 수 있습니다.

이 시기에는 언어능력이 현저하게 발달하고 정서적 대상항상성을 갖게 됩니다. 부모에 대한 긍정적이고 안정된 상을 유지하며, 부모가 없는 동안에도 심리적 위안을 받고, 한동안 부모와 떨어져도 생활할 수 있게 됩니다. 대상항상성은 만 3세에 완성되는 것이 아니라 전 생애에 걸쳐서 키워나가는 기능이기도 합니다.

5강

관계의 힘,
내가 살아갈 이유

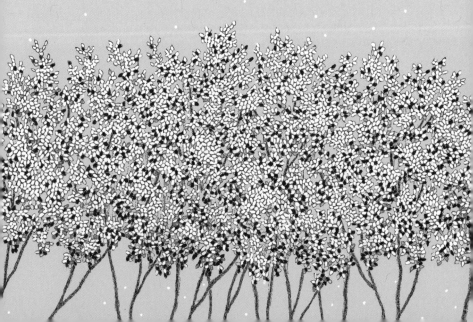

최초의 생존

자기대상Selfobject은 아이가 필요로 하는 심리적 기능을 충족시켜주는 양육자를 의미하며 아이가 성숙하면 스스로 담당하게 될 정신적인 기능을 유아 시절에 대신 맡아 해주는 대상을 의미합니다.

아이가 태어나서 스스로 밥을 해 먹을 수 없기 때문에 엄마가 젖을 먹입니다. 처음에는 젖을 먹이고 생후 6개월부터 이유식을 시작해서 돌 즈음에 밥을 먹입니다. 스스로 밥 해 먹는 일을 완성하기까지는 굉장히 오랜 시간이 걸립니다.

마찬가지로 심리적으로도 처음부터 아이에게 알아서 밥을 해 먹으라고 시키는 부모는 없습니다. 심리적인 기능을 처음부터 아이가 처리하는 게 아니라 부모가 해줍니다. 심리적인 기능을 해주는 대상이 되는 사람, 원래는 자기가 해야 할 일을 해주는 역할을 맡은 사람이 자기대상입니다.

우리가 인생에서 처음 만나는 자기대상은 부모입니다. 아이가 필요로 하는 심리적 기능을 충족시켜주는 양육자입니다. 심리적으로 밥을 먹이는 사람이라고도 할 수 있습니다. 우리가 아이에게 주는 젖이나 밥이 신체적인 음식이라면, 심리적인 밥이란 공감해주고 정서를 반영해주고 위로해주고 불안해할 때 버텨주는 역할을 하는 것입니다.

우리는 각자 스스로 위로하는 것이 필요할 때가 있습니다. 우리는 언제 스스로 위로하는 일을 시작했나요? '괜찮아, 그럴 수 있지' 이렇게요. 뭔가 낭패스럽거나 민망할 때 스스로 위안하는 일은 어떤가요? 청소년기 이후에 시작했나요? 아니면 아직도 잘 못하나요? 그럴 수도 있습니다. 성인이 되어서도 하기 힘든 것을, 두세 살 때 아이가 스스로 하지는 않았습니다.

그런데 어릴 때는 심리적 위로가 더 많이 필요합니다. 이것을 부모가 해줘야 합니다. 부모에게 위로와 공감을 많이 받으면, 처음에 아이는 이 힘을 통해 먹고삽니다. 부모가 해주는 심리적인 기능인 수많은 반복적 상호작용을 통해서 위로나 공감, 반영을 받게 됩니다.

이 중요한 기능을 해주는 대상이 자기대상이고 자기대상은 아이에게 아주 중요한 시기인 생애 초기에 심리적 공급을 해주는 대상이기도 합니다. 사람은 누구나 관계 욕구를 갖고 있는데 이 것이 우리를 끌고 가는 근본적 동기가 됩니다. 그래서 자기대상에 대한 욕구는 태어나는 순간부터 죽는 순간까지 우리에게서 포기되지 않는 욕구입니다. 심리학적으로도 놀라운 욕구입니다.

누가 있었으면 좋겠다, 나를 제대로 이해하고 공감해주고 알아봐주고 같이 웃어주고 응시하는 대상이 있었으면 좋겠다…. 그런 기대가 나이가 든다고 해서 사라지는 것이 아닙니다. 자기대상에 대한 욕구는 평생을 따라다닙니다. 그래서 우리가 돈과 시간을 들여서 밥 먹고 술 먹고 차 마시는 사람은 주로 자기대상입니다. 그 사람과 같이 있고 싶고, 마주 앉으면 기분이 좋고, 언어로든 눈빛 같은 비언어로든 나를 확인해줄 대상을 찾습니다. 어릴 때는 그것이 더 강렬합니다. 내가 스스로 할 수 없기 때문입니다.

최초의 생존을 위해서 아이들은 그것을 부모에게 요구하고, 많은 부모들이 그것을 해줍니다. 부모가 '오늘부터 우리 아이의 자기대상이 될 거야' 작정하고 하는 것은 아닙니다. 애가 울면 젖을 먹이고, 애가 먹을 수 있을 때가 되면 이유식을 줍니다. 부모가 되어 자연스럽게 했던 일입니다. 그런 것처럼 심리적으로 자연스럽게 우리가 아이에게 하고 있는 일입니다.

아이는 이런 자기대상이 해주는 것을 통해서 미숙한 유아지만 관계의 힘이 주는 응집성, 항구성, 탄력성을 갖게 됩니다.

이를 풀어 설명하면, 우리는 자기에 대한 느낌이나 지속적인 자아상이라는 것을 가지고 있습니다. '난 성실한 사람이야', '내성적인 사람이야', '난 눈치를 많이 봐' 하는 자기에 대한 감각을 갖게 되는 것이 응집성입니다. 응집성이라는 건 뭔가 모아져서 나라는 존재에 대해서 경험하는 것입니다. 난 대체로 이런 사람이라는 것을 경험하려면 자기대상이 아이에게 뭔가를 해줘야 합니다. 항구성은 지속성을 갖고 변함없이 오래 유지되는 것, 탄력성은 심각한 삶의 도전에 직면하고서도 다시 일어설 수 있을 뿐만 아니라 더욱 풍부해지는 인간의 능력입니다. 이것도 자기대상이 있어야 존재하는 기능입니다.

엄마 아빠가 아이에게 심리적으로 이것을 공급해주면 아이는 자기에 대한 감을 만들게 됩니다. 그런데 부모가 "너는 어떤 사람이야"라고 이야기해주는 경우는 별로 없습니다. 그보다는 상호작용을 통해서 "웃네", "예뻐라", "기분이 좋았어?" 하고 말하는 식입니다.

또한 부모가 아이에게 하는 중요한 행위가 아이를 안아주는 것입니다. 아이는 수없이 안기는 과정을 통해 자기와 타인을 구

분하게 되고, 그때 반영해주는 정서를 가지고 "신났어", "참 예
뻐", "잘한다" 하는 반응을 통해 자기 자신에 대해 점점 알아가게
됩니다. 반영과 응시를 통해서 자기에 대한 정보를 축적해나가게
되는 것이죠.

내가 너를 바라보고 있어

아주 어린 시절에는 일대일의 응시가 필요합니다. 누군가 계
속해서 나를 바라봐주는 것은 '나'라는 자기 자신을 구축시켜가는
데 아주 중요한 요소입니다. 수많은 응시를 통해서 아이는 심리
적으로 자기를 만들어갑니다.

아이의 필요에 따라 잘 응시하는 부모는 아이에게 굉장한 안
정감을 줍니다. 그런데 아이가 필요로 할 때 응시를 해주지 못하
는 부모도 있습니다. 자기 문제에 깊이 빠져 있거나, 심리적으로
어려움을 겪는 부모들입니다.

> 존중해주고 담아주는 관중(양육자) 없이는, 유아는 지속
> 적이고 응집력 있게 자기됨Selfhood을 경험할 수 없다.[14]
>
> ―윌프레드 비온Wilfred Bion

이것은 곧 아이에게는 '내가 너를 바라보고 있다'는 응시가 필요하다는 뜻입니다. 생애 초기, 인간은 타자의 응시를 통해서 나라는 존재를 인식합니다. 태어나자마자 내가 누구이며 내가 어떻게 생겼으며 어떤 모습을 하고 있는지 어떻게 알게 될까요? 자신의 존재는 자기대상인 부모가 나를 어떻게 바라보는가에 따라 점차 형성되어갑니다. 응시가 곧 자기 존재가 되는 셈입니다.

한 내담자가 상담을 하기 위해 저를 찾아왔습니다. 그런데 인사도 제대로 하기 전에, 제가 진지하게 그 사람을 쳐다보기만 했을 뿐인데 눈물을 흘립니다. 상담할 때 제가 첫 번째로 묻는 것이 "어떻게 오셨어요?"이고, 50분의 상담 시간 동안 '이 세상에 너밖에 없다', '온 우주에 존재하는 유일한 사람'이라는 듯이 내담자를 바라보는 것이 제 전문성이고, 제가 해야 하는 일입니다. 그런데 그렇게 응시하면 바로 우는 사람이 있습니다. 말 한마디 주고받은 것도 아닌데 눈물을 흘립니다. 다른 목적 없이 온전히 나를 바라봐주는 응시가 갈급했던 사람입니다.

인간에게는 의도와 목표를 가지고 바라보는 인간의 응시 말고, 내 존재 자체를 바라보는 응시가 필요합니다. 많은 부모들이 이런 걸 굳이 생각하지 않아도, 그냥 아이를 바라봅니다. 아이가 다칠까 봐, 내 눈길이 미치지 못하면 행여 어떻게 될까 봐 바라봅니다. 부모는 그저 아이를 바라보는 것만으로도 충분한 사랑을 주고 있습니다.

인간에게 생후 36개월까지의 시기는 매우 중요한데, 이 시기의 응시는 특히 더욱 중요합니다. 아이는 몰두된 누군가와의 경험 안에서 일어나는 수만 가지 경험으로 자기를 채워나갑니다.

제가 특히 강조하는 것은 아이의 생애 초기 3년 동안 부모가 자기대상의 역할을 적극적으로 해주어야 한다는 것입니다. 생애 초기 3년 동안은 하루의 일정한 시간 동안 부모가 아이 옆에 반드시 붙어 있어줘야 합니다. 그럼 아이의 심리적 기초공사가 끝납니다. 물론 사회 구조상 어려움이 있고 현실적으로도 힘듭니다. 현실적인 시스템을 생각하면 너무 안타깝습니다. 적어도 자기대상이 해주는 기본적 몰두에 대한 본능, 부모들이 가지고 있는 본능을 충족하려면 1년의 시간 정도는 필요합니다. 3년이면 가장 이상적이겠지만 현실적인 어려움이 있다면 모성몰두기간인 6개월만이라도 부모가 아이를 온전히 양육할 수 있었으면 합니다.

인간은 생존을 위해 산소가 필요하듯 심리적으로 건강한
성인도 자기대상의 반영을 지속적으로 필요로 한다.[15]
–하인즈 코헛Heinz Kohut

어릴 때만 산소가 필요하고 어른이 되면 산소가 필요하지 않을까요? 그렇지 않습니다. 어릴 때처럼 어른이 되어도 자기대상이 있어야 합니다. 자기대상이 해주는 공감은 심리적으로 산소와 비슷합니다. 그만큼 심리적으로 취약한 어린아이들에게는 부모의 반영과 공감이 필요합니다. 공감은 아이의 눈높이에 맞춰 아이가 경험하는 정서를 비슷한 수준으로 느끼는 것입니다.

예를 들어 아이가 무릎을 다쳐서 태어나서 처음으로 몸에서 피가 나는 것을 봅니다. 피를 보면 본능적으로 공포스럽고 두렵습니다. 생존을 위해서 몸에 내재된 본능입니다. 피가 날 정도면 당연히 아플 겁니다.

이게 어떤 경험인지 한 번도 경험해본 적 없는 아이에게 부모가 "피가 나서 놀랐지? 아프지? 괜찮아, 닦아줄게"라고 말합니다. 그러면 '이런 걸 피라고 하는구나, 아프구나, 그런데 엄마 아빠가 닦아주면 피가 더 나지 않는구나' 이런 식으로 아이에게 경험이 축적되는 것입니다. 자기 경험과 일치되는 경험이 부모를 통해 들어옵니다.

내 마음에 일어나는 것을 나는 이름 붙이지 못하지만 이런 상태를 '무서운 거구나, 놀랐다고 하는 거구나' 부모가 이름 붙여서 공감해주는 것입니다. 자기 경험에 대해 바깥에서 이름 붙여주는 공감이 들어오면 자기 경험을 그대로 받아들이게 됩니다.

똑같은 상황이 발생했을 때, 부모가 "일어나, 사나이는 우는 거 아니야"라고 하면 아이는 당황합니다. 내 경험은 공포스럽고 무서운데, 부모가 "일어나"라고 하니까 일어나야 할 것 같습니다. 불일치를 경험하는 겁니다. 사나이가 뭔지는 모르겠지만 내가 부적절하다는 메시지를 받게 됩니다. 공감적 반응이 아닙니다. 아이는 '네가 경험하는 게 부적절하니까 다르게 해야 돼'라고 받아들입니다.

이런 경험을 지속적이고 반복적으로 하게 되면, 넘어져서 나는 피를 처리하는 것만 부적절한 게 아니라, 내 경험이나 감정이 늘 부적절하다고 느낍니다. 이런 피드백을 많이 받은 사람은 사람들 앞에 서면 나 자신이 부적절하다고 느낍니다. 좀 더 긴장해야 하고, 좀 더 괜찮아 보이고, 좀 더 힘 있어 보이고, 좀 더 세련되어야 할 것 같다는 생각에 시달립니다.

이렇듯 자기대상이 반영하는 반복되는 경험의 축적이 전혀 다른 결과를 가져오게 됩니다. 자기대상이 공감을 많이 해주었던 아이들은 이런 것을 어렵지 않게 받아들이고 긴장이 많지 않습니다. 자기가 경험하는 것을 이해받고 공감받으면 진짜 나로 살아도 된다는 것을 내면화하고 자신을 적절하게 드러낼 수 있습니다. 하지만 진짜 자기로 사는 것을 여러 번 제재당하고 비난받은 아이는 그렇게 느끼지 않아도 될 대상을 만나도 응징과 비난을 받을까, 긴장합니다. "충분하다, 괜찮다"는 말을 믿지 않습니다.

"충분하지 않다, 부족하다, 더 하라"는 말을 어릴 때부터 항상 들어왔기 때문입니다.

이런 것이 내부적으로 계속 쌓여온 것이죠. 자기대상이 아이의 중요한 시기에 심리적 영양분을 공급해줍니다. 부모가 자녀를 키우는 과정에서 자기대상의 역할은 중요할 수밖에 없습니다.

아이가 필요할 때 그 존재만으로도

아이가 처음 태어나면 아이 스스로 생존이 어렵습니다. 위축되고 연약한 존재입니다. 이런 약한 존재일수록 크고 싶은 욕구가 있습니다. 이미 큰 사람은 더 크고 싶지 않습니다. 돈이 아주 많은 사람은 돈에 연연하지 않지만 돈이 어설프게 많거나 없으면 돈을 벌고 싶어 합니다. 자존심이 정말 센 사람은 자기가 자존심이 세다는 이야기를 하지 않습니다. 어느 부분을 심하게 강조하는 것은 그 부분이 약하다는 뜻입니다.

"오늘 웃었어", "뒤집었어", "걸었어" 하는 거울반응이 있습니다. 사소한 일에 "천재인가 봐", "엄청 잘하네", "진짜 크다"처럼 크게 반응하면 자기를 부풀리게 됩니다. 이것을 '과대자기'라고 합니다. 물론 과대자기를 지나치게 팽창시키면 안 한 것만 못합니다. 과유불급인 거죠. 하지만 아이에게는 자신을 있는 힘껏 부풀리고 싶어 하는 욕구가 있고, 이것에 반응해주는 것이 필요합니다.

다른 비유를 예로 들자면, 어릴 때 아빠가 아이를 목마 태워서 걷다 보면 아빠 키에 아이 그림자가 얹어져서 저녁 무렵에 그림자가 길게 늘어질 때가 있습니다. 그림자가 자기 키보다 몇 배 크게 보일 때 아이들은 환호합니다. 여기까지는 아빠, 여기부터 나라고 구분하는 아이는 없습니다. 아빠의 큰 키에 올라타서 내가 경험할 수 없었던 나를 길게 늘어뜨립니다. 이렇게 원할 때 한껏 자기를 부풀려서 본 아이들은 아빠 목에서 내려와서 자기 키를 받아들이기가 쉽습니다.

그런데 한 번도 자기를 부풀려보고 싶은 욕구를 충족하지 못한 아이들은 평생 이 욕구에 시달립니다. 먹고 싶을 때 먹어본 아이들, 젖을 양껏 빨았던 아이들은 널브러져서 잘 잡니다. 그런데 젖을 원하는 만큼 못 먹었던 아이들은 채워지지 않는 허기로 계속 엄마의 젖 언저리에 시선이 머물러 있습니다.

또한 우리는 자기대상에 대해 쌍둥이 자기애적 욕구가 있습니다. 아주 괜찮은 자기대상과 자신이 유사하다는 것을 경험하고 싶어 합니다. 공통성과 연대감에 대한 욕구입니다. 너랑 나는 공통점이 있고 연결되어 있으며 궁극적으로 우리는 하나라는 것입니다. 그럴 때 부모는 "똑같네", "닮았네", "너와 나는 하나야"라고 반응해야 합니다.

어른도 이런 행동을 합니다. 인기 있는 배우가 입은 옷이나 화장품을 따라서 사는 행동이 그것인데요. 상담을 하다 보면 저에게 쌍둥이 자기애적 욕구를 느끼는 내담자들이 있습니다. "저랑 웃는 모습이 닮은 거 아시죠?", "저랑 농담할 때 비슷한 투로 하시는 것 같아요"라고 말하는 경우인데요. 이럴 때는 부정하지 않고 "그렇군요" 하고 받아줍니다. 비슷하다고 우겨서 연대감을 갖고 싶은 겁니다. 누구나 자신이 보기에 훌륭한 누군가를 모델로 삼고, 저 사람과 나의 비슷한 점, 닮은 점이 있다고 말하고 싶은 욕구가 있습니다. 소리 내서 말하지 못할 뿐입니다.

또한 뭐든지 다 할 수 있다든지 저 사람은 모든 면이 다 괜찮다고 우기는 대상이 있습니다. 아이에게는 첫 번째 대상이 부모입니다. 아이는 아빠가 세상에서 제일 힘이 세고, 엄마는 이 세상에서 모든 것을 다 할 수 있는 존재라고 믿습니다. 이를 심리학적으로는 이상화부모, 이마고Imago라고 합니다. 그러다가 그런 생각이 부서지고 좌절되는 시기가 오는데, 바로 사춘기입니다. 그런데 인간에게는 이렇게 부풀려져서 애착을 갖는 대상이 있어야 할 때가 있습니다. 취약한 나를 극복하기 위해서, 내가 괜찮은 존재라고 긍정적인 자아상을 공급해주는 사람들이 일정한 시기에 있고, 그런 경험을 가지고 있을 때 내 안의 심리적인 보유고가 넉넉해집니다. 이런 것이 제대로 공급되지 않으면 삶에서 이 문제를 참 오랫동안 끌고 가서 해결되지 않을 수 있습니다.

앞에서 언급한 이러한 심리적인 단계를 거치며 성장해야 하는데 이상화시켜서 부풀리고 싶은 대상을 찾고 싶어도 적절한 대상이 없는 경우가 있습니다. 어렸을 때 부모가 그런 역할을 해주지 못한 거죠. 이상화에 대한 욕구가 많은 사람들은 평생 자기가 중요하게 생각할 만한 어른을 찾아다닙니다. 누군가에게서 그런 요소를 조금이라도 발견하면 엄청나게 중요하게 생각하고 어른이라고 여기는데 가까이 가서 뭔가 나쁜 게 발견되면 심한 배신감을 느끼고 떠납니다. 그리고 또 다른 어른을 찾아 헤맵니다.

그런데 우리의 삶이 그렇게 길지 않습니다. 이런 자기 역동을 가지고 세 판 정도를 돌리고 나면 인생이 끝납니다. 부모와 한 판 돌리고, 배우자와 한 판 돌리고, 자녀와 한 판 돌리고 나면 인생의 생산적인 시기는 거의 끝나는 것이죠. 중요한 건 내가 어떤 판에 올라가 있는지도 모른 채, 어떤 판이 핵심인지 알지 못하고 인생이 끝난다는 것입니다. 중년이 지나 육십을 넘어가는 즈음엔 새로운 판을 돌리기 어렵습니다. 그때는 돌린 판을 정리해야 할 시기입니다.

저는 상담이 인생의 마지막 판을 내담자에게 돌려주는 것이라고 생각합니다. 적어도 한 번뿐인 인생에서 내가 가지고 있는 내부의 역동이나 문제 때문에 스스로 제어하지 못하고 마구 돌아가는 판이 아니라, 내가 돌리고 싶은 판을 한 번은 돌려봐야 하니까요. 그 판이 돌아가는 주제가 뭔지, 어떤 이야기를 담고 있는지, 핵심적 역동이 무엇인지를 제대로 파악해야 합니다.

자기대상을 통해 요구하는 것에는 이런 욕구가 있습니다. 자기대상의 반응을 통해서 자기주장이나 야망, 재능과 기술, 이상과 가치를 내 속에 지니면서 좀 더 분명한 나의 모습을 이루어갑니다. 이를 형성하기 위해서는 자기대상의 역할이 필요합니다. 그리고 나중에 아이들은 이런 역할을 하는 선생님이나 상담자, 그리고 삶에서 중요한 의미를 두는 또 다른 자기대상과 만나게 됩니다.

좋은 부모는 아이가 원할 때 거울처럼 반응해주고, 괜찮은 대상으로서 공감을 느껴야 할 때 함께해주고, 어른이라고 우길 때 어른처럼 대해주는 것입니다. 그런 것들을 해주면 아이는 자기 자신의 부족하거나 약한 것에 대해 좌절하지 않고 심리적으로 성숙해가며 성장할 수 있습니다.

내 안에는 너가 있어

대상과 관련해서 외부대상과 내부대상이라는 말이 나오는데 말 그대로 외부대상은 밖에 있는 대상, 내부대상은 안에 있는 대상입니다. 오래전 방영된 드라마에 나온 대사 중에 "내 안에 너 있다"라든가 "그녀의 자전거가 내 안으로 들어왔다" 같은 광고 카피는 내부대상을 말합니다. 바깥에 있는 대상이 내 마음속에 들어와 있는 것을 가리킵니다. 굉장히 극적이고 힘들고 어려운 순간, 마지막에 생각하게 되는 대상은 바깥에 있는 대상이기도 하지만 내 속에 깊이 들어와 있는 대상입니다. 그것이 내부대상입니다.

개념적으로는 명료합니다. 외부대상은 자신의 주변에 존재하는 실제 사람이나 사물입니다. 내부대상은 외부대상이 안으로 들어와서 정신적 이미지로 내 속에 남는 것, 즉 대상에 대한 정신적 표상, 이미지, 환상, 대상에 대한 느낌, 기억, 아이디어입니다.

그렇다면 엄마는 내부대상일까요, 외부대상일까요? 답은 둘 다입니다. 어머니가 돌아가시고 안 계시다면 내부대상일 테고, 어머니가 살아 계시다면 내부대상이기도 하고 외부대상이기도 합니다. 배우자와 아이들 역시 내부대상이기도 하고 외부대상이기도 합니다. 관계 속에서 두 가지가 함께 공존합니다.

우리는 대상과 관계를 맺는데, 이 대상이 처음에는 외부에 있는 대상으로 출발하지만 많은 상호작용을 하게 되면서 대상은 내 안으로 들어오게 됩니다. 그 대상이 안으로 들어오는 과정이 내면화 과정입니다. 그 내면화 과정의 첫 번째 출발을 부모와 하게 되고, 그렇게 부모와 관계를 맺은 잔재가 내부에 남고, 그것으로 심리적 구조를 형성하면서 바깥에서 만나는 사람들과 상호작용을 하게 됩니다.

특히 우리에게 매우 중요한 대상인 부모와의 상호작용은 우리에게 어떤 영향을 미칠까요?

예를 들어 부모와의 관계에서 신뢰가 깊고 좋은 경험이 많으며, 어른으로서 영향을 주거나 책임을 져야 할 때 부모가 이를 실천하는 모습을 보면서 성장했습니다. 부모가 하는 말이 대체로 믿을 만하고 말과 삶이 일치되었다는 것을 경험했다면, 이 사람은 누군가 이야기를 하면 대체로 믿을 만하고 정직하다, 따라갈 만하다고 생각합니다. 그런 사람은 제 강연에 와서 이야기를 들을 때도, 다른 사람과의 대화도 긍정적으로 받아들입니다.

그런데 부모가 거짓말을 하거나 부풀린 말을 하고 돌아서면 말을 바꾸는 모습을 많이 보았고 결정적인 순간에 나를 좌절시켰다면, 다른 사람에게서 어떤 이야기를 들으면 의심하고 사실을 확인하려고 정신을 바짝 차려야 하는 사람이 됩니다.

제가 하는 강연을 들을 때도 마음속으로 의심을 합니다. '선생님은 집에서 잘할까?', '정말 애를 잘 키우나?', '저 말이 진짜일까?' 하고요. 부모와의 관계가 다른 사람과의 관계에도 영향을 주는 것이죠. 마트에서 장을 볼 때도 사람에 대한 불편함과 의심과 공격성이 가득 차 있으면 누가 나를 속일까 봐 의심하고 조금만 잘못하면 소리를 지릅니다. 고속도로 통행료를 낼 때도 "감사합니다" 하고 지나가는 사람이 있는가 하면 영수증을 받으면 구겨서 던지는 사람도 있습니다. 세상이 나를 공격하고 착취하고 내 것을 부당하게 빼앗아가는 등의 부정적인 외부대상 경험이 내 속에 쌓여 있으면, 일상적인 상황에서도 이런 반응이 나타납니다.

부모와의 관계에서 맺은 많은 패턴이 일상적 삶에서 나타납니다. 사소한 일상에서는 미세하게 나타나지만, 연애를 하여 깊은 관계를 형성하거나 자기가 맺는 새로운 가족관계에서 자녀를 키울 때는 아주 뚜렷하게 나타납니다.

사람들은 지금까지 만났던 수많은 경험을 자기 안에 담은 채로 새로운 사람을 만납니다. 누군가는 항상 의심합니다. 누군가는 항상 비교합니다. 하지만 자기 문제인지 인식하지 못합니다.

많은 사람들은 자기 자신이 외부대상을 있는 그대로 본다고 생각합니다. 사실 여기에 우리의 문제점이 있습니다. '나는 우리 아이를 객관적으로 잘 봐, 내 문제를 개입시키지 않아' 하고 스스로 믿습니다. 아이의 문제가 아니라 자신의 내부 문제임에도 인지하지 못하고 아이 탓이라고 돌립니다. 특히 왜곡시키는 경험이 많은 사람들은 관계 맺기가 어렵습니다. 이런 사람들은 자기 안의 문제를 전혀 볼 수 없습니다. 자기 안의 내부대상을 가지고 외부대상을 왜곡시키고 있는 것은 아닌지 우리는 스스로를 냉정하게 바라보아야 합니다.

많은 부모들이 아이의 문제로 상담을 하기 위해 저를 찾아옵니다. 아이가 문제가 너무 심해서 도저히 견딜 수 없다고 합니다. 그런데 상담을 해보면 주로 부모 문제입니다. 남의 일일 때는 부모 문제라고 쉽게 답하지만 이게 내 이야기가 되면 나는 문제가 없고 객관적이라고 생각합니다. 하지만 우리는 알게 모르게 상당히 많은 왜곡을 하고 있습니다.

왜곡이 많을 수밖에 없다는 사실을 인정하고 접근하는 것이 관계를 개선할 수 있는 첫 번째 단계일 수 있습니다. 문제를 드러내는 것은 용기가 필요합니다. 연약함을 드러내는 것은 매우 강력한 힘입니다. 연약함을 드러낼 수 있다는 것은 그것을 볼 수 있다는 것이고, 볼 수 있다는 것은 그것을 다룰 수 있다는 뜻이기 때문입니다. 사람들은 약해지지 않기 위해 강해지려고 노력하고, 많이 가지면 모든 것이 해결될 거라고 생각합니다. 물론 해결되는 것도 있지만, 더 고차원의 단계는 많이 가지는 게 아니라 내가 가진 약한 것을 인정하고 수용하는 것입니다. 이것은 쉽게 가질 수 없는 능력이기에 많은 노력이 필요합니다.

부분과 전체를 본다

아이는 엄마를 처음 경험할 때 전체적으로 보지 않고 부분적으로 지각합니다. 쓰다듬어주면 엄마는 팔입니다. 아이에게 젖을 주면 엄마는 젖가슴입니다. 엄마 얼굴을 보면 엄마는 얼굴입니다. 이렇게 따로따로 엄마를 지각합니다. 그러다가 점차 자라고 성숙해지면서 엄마를 통합적으로 지각하기 시작합니다.

아이가 젖을 먹다가 엄마의 유두를 깨물어버릴 때가 있습니다. 이유는 다양하지만 깨물 때 엄마의 대처방법은 바로 탁 때리는 것, 불쾌한 자극을 주는 형태입니다. 그러면 아이가 놀라서 울음을 터뜨립니다. 그럴 때 아이는 부분대상으로 엄마를 경험하기 때문에 젖가슴은 아주 좋은 대상이고, 나를 때리는 팔, 이 막대기는 나쁜 것입니다. 이것이 부분대상입니다. 그런데 어느 날 엄마가 나를 향해 걸어옵니다. 내가 그토록 좋아하는 젖가슴과 나를 때린 막대기가 붙어서 걸어옵니다. 매우 충격적입니다. 좋은 젖가슴만 엄마인 줄 알았는데, 나를 때린 막대기도 엄마의 것임을 어느 순간 알게 됩니다. 그러면 엄마의 젖가슴과 팔을 붙이고 얼굴을 붙이고, 이런 식으로 점점 전체대상으로 엄마를 확대해가면서 인지합니다.

엄마의 젖가슴과 팔을 처음에 경험할 때는 젖가슴은 전적으로 좋은 것All Good, 나를 때린 막대기는 나쁜 것All Bad이라고 나눠서 부분적으로 경험하다가, 굿Good과 배드Bad가 또는Or에서 그리고And로 통합됩니다.

우리가 어떤 것을 경험할 때 처음에는 좋은 것과 나쁜 것을 나누어둡니다. 이것이 심리적으로 중요한 이유는 생존에 유리하기 때문입니다. 심리적으로도 살아남기 위해서는 질서를 빨리 파악하는 게 중요합니다. 대개 위기상황에서 빨리 나누어 선택해서 움직입니다. 전쟁이 나면 중요한 것과 중요하지 않은 것을 구분해서 제일 중요한 것만 챙겨서 대피해야 하듯이요.

아이에게 세상 밖으로 나와 생을 시작하는 것은 전쟁만큼이나 어렵고 힘든 경험입니다. 지금 이 순간, 30~40년 심지어 50여 년 동안 공기로 호흡하고 살던 우리가 갑자기 전부 물속으로 들어간다고 생각해봅시다. 지금까지 한 번도 살아본 적 없는 환경으로 들어간다면 그 자체가 위기상황입니다.

아이들 역시 마찬가지입니다. 열 달 동안 양수 속에 살다가 한 번도 살아본 적 없는 환경으로 나오는 것입니다. 한 번도 본적 없고 이를 소화해본 적이 없는데, 생리적으로 생존이 가능한지 모르는 상태에 덜컥 놓여집니다.

언어로 설명할 수도 없는데 대처할 수 있는 수단도 없고 내 생존은 전적으로 다른 사람에게 맡겨져 있는 상황이 아이에게 괜찮다고 느껴지게 하려면, 아주 많은 노력이 필요합니다. 이렇듯 아이들이 처음 세상 밖으로 나와 겪는 환경은 굉장히 어렵고 힘든 것입니다. 아이의 시선으로 그 자체를 바라보면, 빨리 나누어서 대처해야 하는 세상입니다.

생애 초기를 거쳐 인간의 성장 과정을 통해 부분대상으로 경험하다가 전체대상으로 통합해가는 것이 필요합니다. 부모의 입장으로 돌아가보면, 아이를 볼 때 예쁜 것도 있고 굉장히 기대되는 것도 있지만 아이가 좌절시킨 것도 있습니다. 아이에 대한 기대 때문에 들뜨고 아이가 뭔가를 해내고 기대에 부합할 때는 기분이 좋습니다. 흐트러진 삶이 복구되는 느낌까지 듭니다.

아이가 명문대에 가면 자신이 명문대를 간 거라고 생각하고 갑자기 동창회에 나갑니다. 반대로 아이가 대학교에 떨어지니까 동창회에 나오지 않는 엄마도 있습니다. 내가 못 이뤘던 꿈을 아이가 이뤄줬으면 하는 겁니다. 아이에게는 좋은 면도 있지만, 아이가 부모를 힘들게 하는 부분도 있습니다. 관계가 좋은 부모들은 그런 부분을 통합하여 아이를 바라봅니다.

내 아이도 나와 같이 이 부분을 채워야 한다고 밀어붙이면 거의 실패하게 됩니다. 그 아이와 내가 정말 닮은 모습을 하고 있다고 해도 말입니다. 아이에게 어떤 부분을 관철시키려고 노력하는데 이렇게 하면 될 것 같은데 내 마음처럼 되지 않습니다.

좋은 것과 나쁜 것을 통합하는 것은 대단히 중요한 심리적 성숙의 지표입니다. 건강한 관계를 형성하는 사람은 부분대상을 합쳐서 전체대상으로 생각합니다. 관계를 잘 맺는 사람들은 실망스러울 때 좋은 것, 건강한 것, 내가 가진 것들을 유지합니다. 굉장히 좋을 때도 약한 것, 어려운 것을 생각하고, 나를 실망시키는 것에 대해서 속상하기도 하지만, 그것을 통합해갑니다.

지금이 끝이 아니란다

유명한 교회의 목사님 이야기입니다. 신도 수도 많지만 영향력 면에서 목회에 성공했다는 평을 듣는 목사님의 아들이 있었습니다.

목사님 아들이 대입에서 4수를 하게 되었습니다. 별로 즐거운 일은 아닙니다. 어린 마음에 주위의 시선을 견디는 게 어려웠던 아들이 4수가 결정되는 시점에 술에 잔뜩 취해서 하필이면 교인

들이 예배를 마치고 쏟아져 나오는 시간에 휘청거리면서 교회 마당을 가로질러 사택으로 갔습니다. 이 아버지는 어떤 기분이 들었을까요? 그렇지 않아도 모든 사람이 아들의 실패를 주목하고 있는 시점에 인사불성이 되도록 술을 마시다니, 반항이라고 생각하게 마련입니다.

게다가 아들은 술에 취해 2층 자기 방을 엉망으로 만들었습니다. 그리고 반쯤 정신이 나간 상태에서 바닥에 널브러져 있었습니다. 그러는 와중에 아버지가 들어온 겁니다. "너 죽고 나 죽자" 하고 소리칠 수도 있는 상황인데, 아버지는 세숫대야와 걸레를 들고 와서 아들이 게워낸 것을 치웠습니다.

그때가 겨울인데, 아들 방 쪽에 나무가 보였습니다. 그런데 이파리가 하나도 없이 가지가 앙상했답니다. 겨울나무가 다 그렇듯이요. 그리고 아버지가 이렇게 말하더랍니다.

"저 나무가 죽은 것 같지? 정말로 죽은 것 같지? 그런데
봄이 오면 잎이 난단다. 네가 지금 죽은 것만 같지? 네가 겨
울나무야."

저는 이 이야기를 그 아들에게서 들었습니다. 그날 아버지가 방을 나간 후에 살면서 가장 오래 울었다고 했습니다. 굉장히 좌

절스러운 상황이었을 것입니다. 그런데 아주 어려운 상황에서 아들의 좋은 면을 아버지가 상기시킵니다.

좋은 관계는 아이가 공부를 잘해서 좋은 대학에 가고 근사한 일을 해서 부모를 행복하게 해줘서 좋은 것이 아닙니다. 왜 절망하거나 속상하지 않았겠습니까? 화가 날 만도 합니다. 하지만 그런 어려운 순간을 맞았을 때도 바닥으로 떨어지지 않고, 아이가 가지고 있는 좋은 것을 유지시켜줄 수 있어야 합니다.

이런 부모는 아이를 키우고, 이런 상사는 사람을 이끌고, 이런 선생님이 제자를 성숙하게 합니다. 관계에서 어려운 순간이 있습니다. 삶이 항상 아름답거나 근사하지 않습니다. 그런 대목에서 어떤 부분을 유지시키고 통합하는가, 이것이 아주 중요한 심리적 역할입니다. 이것은 모든 관계에서 중요합니다.

사실 칭찬하는 방법, 공감하는 방법도 중요한 기술이고 능력이지만, 굉장히 어려운 순간에 이것을 유지하는 것이 참 중요한 부분입니다. 특히 자녀와의 관계는 너무나 중요한, 절대 포기할 수 없는 관계이기 때문에 아이가 가진 '좋은 것을 유지하는 것'을 더욱 신경 쓸 수밖에 없습니다. 인생의 힘든 고비가 오고 아주 속상하고 어려울 때도 말입니다.

그래서 부분대상을 전체대상으로 포함한다는 것은 단순히 아이가 엄마의 젖가슴에서 나아가 전체적인 대상으로 엄마를 본다는 개념이 아니라 심리적으로 중요한 원리를 담고 있는 개념입니다. 아이와의 관계 속에서 어떤 것들이 작동하는지, 나는 나와 아이의 관계에서 나쁜 것들을 주로 어떻게 처리하는지 한 번 생각해보기를 바랍니다.

아이뿐만 아니라 배우자와의 관계도 마찬가지입니다. 실망하는 부분이 있어도 잘하는 부분도 통합해 바라보는 것이 중요합니다. 그렇게 부분대상들이 모여 전체대상들로 합해져서 성숙해가는 과정을 통해 인간은 성장해나갑니다.

엄마이면서 엄마 아닌,
나면서도 내가 아닌, 중간대상

아이가 태어나서 처음 6개월은 모성몰두기간입니다. 산후휴가기간이 최소 6개월은 필요하다고 보는 것도 이 때문입니다. 이 6개월은 아이에게 엄청나게 중요한 시기입니다. 그때 심리적 허기가 지면 평생 동안 붙어 있어야 할 대상을 찾아 인생을 허비합니다.

모성몰두기간이 지나면 아이는 자연스럽게 엄마와 조금씩 분리를 시작합니다. 엄마도 에너지를 나누게 됩니다. 그럼 아이는 중간대상을 찾습니다. 아이들이 붙들고 지내는 인형이라든가 이불을 예로 들 수 있는데, 어떤 시기가 되면 실제로 살아 있는 엄마는 아닌데 단순한 장난감이 아니라 특별한 애착을 드러내는 대상을 찾습니다. 엄마가 아니면서 또 엄마인 것, 자기가 아니면서 자기인 것. 이렇게 걸쳐 있는 대상이 아이들에게서 나타나기 때문에 과도기대상 또는 중간대상이라고 합니다.

엄마와 떨어지는 기간을 해결하기 위해서 아이들이 선택하게 되는, 애착을 제공하는 물건들이 여기에 해당합니다. 이때 채택되는 것이 접촉을 제공할 수 있는 천 조각인데, 주로 인형, 이불, 베개, 수건, 손수건 등이 있습니다.

아이들은 이 물건들을 생명이나 현실성이 있는 것처럼 대합니다. 심지어 중간대상으로 선택된 인형들을 가지고 다니다가 다른 사람에게 내보이곤 하는데, 3~4세 아이들은 가방에 자기의 중간대상으로 선택된 대상을 넣고 다니다가 친밀한 다른 사람에게 인사를 시켜주기도 합니다. 그럴 때는 살아 있는 동생을 대하듯이 반응해야 합니다. 인형 입 주위에 바나나가 묻어 있기도 합니다. 생명력이 있는 대상이기 때문에 자기가 먹던 바나나를 먹인 것이죠.

중간대상은 아이가 엄마와 떨어지면서 채택된 것이니만큼 강력한 애착관계를 형성합니다. 그중에서도 접촉의 의미는 중요한

데 중간대상은 따뜻하고 부드러운 감촉을 가진 경우가 많습니다. 이때 부모는 아이가 중간대상을 채택하면 중간대상에 대한 아이의 권리를 인정해야 합니다. 아이의 소유임을 인정하고, 함부로 빼앗거나 폐기하면 안 됩니다.

"인형을 너무 많이 들고 다녀서 여기저기 낡아지니까 실밥이 다 튀어나왔네, 새로 사줄게, 이건 버리자" 하는 말은 "엄마가 3년쯤 지나고 나니까 많이 늙었지, 주름살도 많고 흰머리도 많지 않니? 바꿔줄게, 새 걸로" 하는 것과 같습니다.

이 현상을 존중하고 내버려두면 점차적으로 사라집니다. 강한 애착을 갖다가도 점점 잊어버립니다. 선반 위에 두고 거기 있다는 걸 알지만, 어느 날 갑자기 없어져도 어디 갔지 하고 생각할 뿐입니다. 한편 부드러운 감촉 때문에 애착을 형성한다고 하지만 가끔은 공격을 하기도 합니다. 때린다든지 밟는다든지 하면서 양가적 감정을 드러냅니다.

아이가 엄마와 떨어지면서 느끼는 허전함이나 약간의 불편감을 해결하기 위해서 애착을 갖는 건데 이를 존중해주면 자연스럽게 사라집니다. 아이들에게 나타나는 중간대상은 발달 과정에서 나타날 수밖에 없습니다. 어떤 아이는 심하게 나타나고 어떤 아이는 중간대상이 뭔지 잘 알 수 없는 형태로 나타납니다.

중간대상은 성인에게도 존재합니다. 뭔가 불안하거나 허전함을 경험할 때 실제 대상은 아니지만 위로나 위안을 주는 것으로 어른이 많이 선택하는 것입니다. 대표적으로 술이 있습니다. 실제적 관계는 아니지만 감정을 이완시켜줍니다. 또 대표적인 것이 마약인데 결코 건강한 사인은 아닙니다.

이런 병리적인 것 말고도, 예를 들어 결혼반지 같은 것이 있습니다. 반지이긴 하지만 단순한 반지가 아니라 중간대상입니다. 또한 연인과 헤어졌던 곳, 거길 지나가면 지금도 가슴이 툭 떨어진다든지 시큰하다든지, 그런 공간이나 시간대가 있습니다. 그런 것도 중간대상이 될 수 있습니다.

최근에 나타난 아주 중요한 중간대상이 있습니다. 바로 스마트폰입니다. 실제 대상이나 사람은 아닙니다. 그런데 굉장히 강력한 형태의 중간대상이고 중독적인 대상으로 넘어가기도 합니다. 적당히 쓰면 좋은데 실제 관계에까지 영향을 미쳐서 고립된다는 것이 문제가 됩니다. 저는 아이들의 스마트폰 사용을 강력하게 제지하기를 바라고 있습니다. 통제할 수 없는 물건을 아이에게 주고 통제하라는 것은 무책임한 일이고, 실제로 아이들 스스로 스마트폰을 관리하는 것은 매우 어려우며 비현실적이기도 합니다.

너가 내게 와줘서 다행이야

자녀는 인간에게 있어 가장 어려운 경영입니다. 왜냐하면 부모가 아이에게 주는 영향력이 너무나 크기 때문입니다. 부모와의 상호작용을 통해 아이는 자아의 틀을 형성합니다. 예를 들어 자수성가한 부모를 둔 첫째아이는 대체로 굉장히 어려운 과정을 겪으며 성장합니다. 왜냐하면 부모가 끊임없이 아이에게 주입하는 메시지가 '부족하다'는 내용입니다. 아빠는 "나도 했는데 나만큼은 해야 돼. 이 정도는 할 수 있어"라고 말하죠. 그래서 항상 못 미치고 부족합니다. 그렇게 되면 아이는 나는 '부족하다'라는 자아의 틀을 형성합니다. 목적은 잘하라는 의도였겠지만 아이에게 인지되는 것은 부족함입니다. 내가 자녀에게 주는 주된 메시지는 무엇일까를 곰곰이 생각해보기를 바랍니다.

그 메시지가 "너 괜찮아", "너 참 귀한 사람이다", "중요한 사람이야"라고 메시지를 주고 있는지요. 아이에게 "너는 정말 존귀한 존재다"라는 메시지를 주면 놀라운 내면화가 이루어집니다. 아이가 인생을 살아가면서 수많은 실패와 좌절을 겪더라도 그 메시지가 끊임없이 주어지면서 아이에게는 그것이 남습니다. 그러니 내가 무슨 메시지를 아이에게 지속적으로 주고 있는지 돌아보고 살펴보기를 바랍니다.

그런데 우리가 아이에게 자주 주는 메시지가 있습니다. 우리의 의도와 다르게 전달이 되는 경우인데요. 만약 "너 열심히 해야 돼"라고 하면 이 메시지를 아이가 받아들일 때는 "너 지금의 상태로는 안 돼"입니다. 아이를 격려하고 있다고 생각하지만 실질적으로 아이에게는 부정적인 메시지를 주고 있을지도 모릅니다.

"너가 내 자식이어서 좋다. 그 많은 부모 중에서 나를 부모로 찾아와줘서 너무 고마워."

이런 메시지를 아이에게 준 적이 있나요? 집을 한 채 물려주는 것보다 그런 메시지를 심어주는 것이 삶의 위기에서는 아주 강력한 힘을 발휘합니다.

"네 존재 자체로 굉장히 감사하고 행복하다."

아무런 조건 없는 상태에서 이 메시지를 준다면 아이의 내면은 매우 건강한 상태가 될 것입니다. 아이가 살아가면서 그보다 더 든든한 힘은 없습니다.

"부분대상들이 모여 전체대상들로
합해져서 성숙해가는 과정을 통해
인간은 성장해나갑니다."

6강

삶을 풍성하게 만드는
관계 맺기 원칙

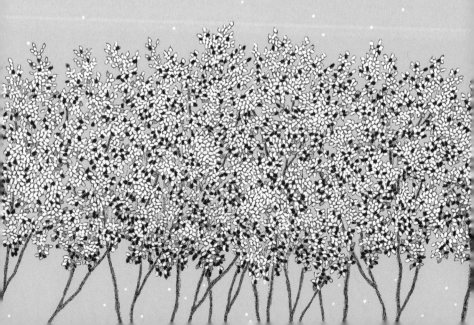

6강

무슨 일이 있어도 나는 네 편이란다

아이는 태어났을 때 매우 유약한 상태입니다. 유아는 머리 무게가 무거워서 목을 제대로 가눌 수 없습니다. 목을 가누지 못하는 아이는 숨이 막혀도 고개를 돌릴 수 없습니다. 언어도 되지 않고, 먹는 것도, 배설하는 것도 해결하지 못합니다.

모든 것을 의존할 수밖에 없는 유약한 존재로 세상에 태어났는데, 적절한 양육이 주어져서 제때 먹이고 재우고 입히고 기저귀를 갈아주고 접촉이 필요할 때 만져주면, '우리 엄마 아빠가 좋은 부모구나'를 경험하는 것이 아니라, '내가 원하는 대로 되는구나'를 아이는 경험합니다.

예컨대 지금 시원한 커피를 마시고 싶다고 생각하면 유리잔에 담긴 아이스커피가 내 앞에 나타나는 것입니다. 그다음에 치즈케이크 한 조각이 먹고 싶어, 하면 또 케이크가 나타나고, 이건 너무 달아, 하면 없어지는 것입니다. 이런 게 전능성입니다. 생각만 해도 기분이 좋습니다.

아이에게 적절한 양육이 주어지면 '엄마 아빠가 나를 잘 돌봐주는구나'가 아니라 '내가 원하는 대로 세상이 돌아간다'는 전능감을 느낀다는 것은 매우 역설적입니다. '고마운 세상'이라는 정도의 느낌이 아니라 '내가 원하는 세상'이 된다는 느낌까지 받는 것입니다.

최상의 양육이 아니라 적절한 양육만 주어지면 전능감을 경험한다는 것인데 이 원리는 어떻게 형성될까요? 모성몰두기간인 생애 초기 6개월 동안 엄마는 아이에게 몰두하는 경향이 있습니다. 아이가 나를 향해 웃어주면 모든 힘듦과 고통이 사라집니다. 누가 시키지 않아도 저절로 아이에게 몰두하고 싶은 마음이 생깁니다. 그런 원리가 작동해서 아이들이 모성몰두를 경험하고 전능감을 느낍니다.

인간이 세상에 태어나 겪는 수많은 감정과 경험 중에서도 어떻게 전능감으로 생을 시작하게 되었을까요? 저는 이게 신의 배려라고 봅니다. 만약 자기가 얼마나 유약하고 힘이 없고 의존적인지 '있는 그대로의 현실'을 알고 시작했으면 인간은 생존하기 어려웠을 것입니다. 유아들은 아무것도 못하는데 전능감을 느낍니다. 세상이 어렵다는 걸 정확하게 파악했으면 살기 어려웠을지도 모르지만 인간이 경험하는 첫 번째 효능감에 전능감을 배치해놓은 것은 매우 감사한 일입니다.

이처럼 누군가를 양육하거나 성장시키거나 변화시키는 일은 '우리가 괜찮다, 좋다'는 긍정적인 느낌에서 시작합니다. 우리가 아이를 양육할 때 성장시키거나 변화시키고 싶다면, 첫 번째는 '네가 괜찮다'는 느낌을 주어야 합니다. 사람들은 문제를 해결하기 위해서 정확하게 문제를 파악하고 지적해야 한다고 생각합니다. 그런데 유아에게는 그렇게 지적하지 않습니다. "너 숨 못 쉬잖아, 못 걷잖아, 배설 조절 안 되지"라고 가르쳐주지 않습니다.

아이가 처음에 걸음마를 떼던 때를 기억해보면, 우리는 어떻게 반응했나요? 박수 치고 소리 지르고 동영상 찍고 전화해서 자랑하고 온 가족이 난리가 납니다. 아이는 겨우 한 발 걸었을 뿐인데 말이죠. 그런데 한 걸음 떼고 두 번째 걸음을 주춤했을 때 주춤한 오른발에 주목하지 않습니다. "오른쪽 발에 똑바로 힘줘, 걸어야지" 하고 지적하고, 넘어진 것에 초점을 맞추었으면 인류는 직립보행을 포기했을 겁니다.

아이를 성장시키고 변화시키기 위해서는 아이의 강점과 힘, 가치에 주목하고 아이의 편이 되어주어야 합니다. 생애 최초 인간의 효능감이 전능감이듯, 우리가 아이를 그렇게 키우는 것은 자연의 섭리라고 생각합니다.

이것이 사람을 키우는 방법입니다. 사람들은 정확하게 문제를 지적받는다고 해서 이를 개선하지 않습니다. 그렇다면 어떤 상황일 때 변하려고 할까요? 진짜 내 편이 문제를 지적하면 달라집니다. 내 편이 아닌 누군가가 정확하게 문제를 지적하면 고칠 마음이 생기기는커녕 기분이 더 언짢아집니다. 지적이 정확할수록 기분이 나쁘고 더 많이 방어하려고 듭니다. 변화는 내 편인 사람이 주는 피드백을 받을 때 일어납니다.

우리는 아이를 비난하는 말을 합니다. 세상에서 무시당할까 봐, 부모인 내가 미리 지적합니다. 그래서 아이에게 가장 많이 비난을 가하는 사람이 어쩌면 부모일 수 있습니다. 나이 들어서는 제일 많이 무시하는 사람이 배우자입니다. 적나라하고 신랄하게 피드백을 합니다. "그렇게 해서는 아무도 안 좋아해, 밖에 나가서 그렇게 하는 거 다른 사람이 알아?" 가까운 관계에서 문제를 지적하는 일이 더 많고, 그래서 관계를 망치곤 합니다. 가까운 관계는 그만큼 잘 보이기 때문에 문제를 지적할 수밖에 없고 활발하게 피드백을 주고받는 사이지만, 그전에 선행되어야 할 것이 '내가 정말 네 편'임을 알게 하는 것입니다.

아이에게도 가장 도움이 필요한 결정적인 순간에 너와 함께 있을 것임을 알려줘야 합니다. 세상이 너를 무시하고 외면할 때 마지막에 네 편이 되는 누군가가 남아야 한다면 내가 그 자리에 있으리라는 것을 알게 해야 합니다.

그런데 이런 것이 없는 상태에서 자기 문제를 인식하지 못하고 아이에게 반응합니다. 그래서 아이와의 관계, 배우자와의 관계를 망칩니다. 사실은 내 불안인데, 그걸 가지고 반응을 합니다. 그런 반응은 생산성도 영향력도 없습니다.

우리가 태어나서 인생 초기를 전능감으로 시작한 것처럼, 관계의 시작도 좋은 것을 쌓아야 합니다. 관계가 형성되지 않은 상태에서는 피드백이 정확할수록 파괴적입니다. 아이와 배우자와의 관계에서도 '중요한 순간에 내가 네 편이라는 것', '너를 지지하고 있다는 것' 이런 메시지가 있으면 여러 가지 불순물이 끼어들고 투박하게 관계를 형성할지라도 나머지를 견딜 수 있습니다. 하지만 이런 관계가 쌓이지 않은 상태에서 부모가 아이에게 한 지적은 부정적인 예언이 되거나 상처의 잔재를 남길 수 있습니다.

안아주기, 버텨주기의 힘

안아주기는 도널드 위니컷이 이야기한 개념입니다. 어린 시절 안아주기는 무엇보다 중요합니다. 아이가 어릴 때는 언어적인 것보다 비언어적인 게 더 중요한데, 안아주기는 신체적인 것과 정신적인 것을 모두 포함합니다. 아이들이 겪는 수많은 혼란스러운 경험 가운데서도 아이는 엄마 아빠가 안아주는 것을 통해서 혼란스럽고 부적절한 경험을 통합하고 견딜 수 있습니다. 외부적인 불편한 접촉이나 자극 때문에 불안정할 때도 부모의 안아주기를 통해서 안정감을 찾아가게 됩니다. 어려운 말로 아이에게는 '멸절의 경험'이라고 하는데, 자신이 없어질 것 같은 부정적 경험이 있는 상황에서 부모가 안아줌으로써 아이들은 멸절의 경험을 극복합니다. 안아주는 것이 중요하다고 해서 24시간 아이를 안아주라는 것이 아닙니다. 좋은 게 있다고 해서 그것만 주는 것은 아니죠. 넘치게 주는 것이 아니라 적절하게 안아주면 됩니다.

아이를 온몸으로 충분히 안아주는 행위는 건강한 자기감을 갖게 하는 자극을 줍니다. 이 안아줌으로 아이는 자기를 경험하고 세상과 자신을 구분하게 됩니다. 부모가 "이게 너야, 이게 세상이야"라고 알려주지 않지만, 안아주기를 통해 자기와 세상을 구분하고 자기감이라는 것을 만들어갑니다. 그리고 이러한 참된 자기가 통일성과 연속성을 가질 수 있게 됩니다. 아이를 충분히 안아줌으로써 아이는 통합되지 않은 불편한 것들을 통합하면서 자기에 대한 감각을 살려가고, 그것을 축적시켜나갑니다.

아이는 어떤 경험이나 감정을 대부분 처음 경험합니다. 내 속에서 일어나는 낯선 경험 속에서 부모가 가누어주고 안아주게 되면 통합적인 경험으로 연결지을 수 있습니다. 견딜 수 없어서 울음을 터뜨리면 부모가 안아줘야 합니다. 부모가 "놀랐지, 큰소리 나서 놀랐구나, 괜찮아" 하면 큰소리 나는 것, 놀란 것, 괜찮은 것을 받아들이고 감당할 수 있게 됩니다. 그럴 때 "우는 거 아니야, 밤에 자꾸 울면 안 좋은 일이 생긴다"라면서 울지 말라고 윽박지르면, 자기 경험을 있는 그대로 내놓을 수 없습니다. "네가 느끼는 경험이 괜찮지 않아"라고 말하는 부모는 없지만, 괜찮지 않다는 인상을 수없이 받게 되면 성인이 되고 나이가 들어서도, '이게 정상이야? 받아들여지겠어? 진짜 맞아?' 하는 느낌에 시달립니다. 상대에게 맞추게 되고 상대가 받아들일 것만 내놓는 거짓 자기를 만들어냅니다. 받아들여지는 것은 안아주기로부터 시작됩니다. 이것이 잘 이루어지지 않으면 순응하고 잘 따르는 겉모습 안에 숨은, 고통 받는 내면을 드러내지 않게 됩니다.

부모가 간절히 필요하고 안겨서 울고 싶은데, 학교에서 내가 무슨 일을 겪는지 부모에게 단 한마디도 이야기할 수 없는 아이가 있습니다. 학교에 가기가 너무 고통스러운데, 부모에게 설명할 방법이 없습니다. 어느 날 갑자기 결심해서 그런 것이 아닙니다. 아주 어린 시절부터 중요한 경험을 부모에게 이야기하지 못한 것입니다. 성적으로 추행을 당하거나 공격을 당한 아이 중에서 많은 경우, 부모에게 가서 이런 사태를 이야기하지 못합니다. 뭔가 이상한 일이 일어난 건 맞는데, 왠지 이걸 이야기하면 부모가 이 경험을 이해해주거나 받아들여주거나 쓰다듬어줄 거라는 기대가 없습니다. 그러면 아이가 이 부적절하고 이상하고 설명할 수 없는 일을 혼자서 감당하게 됩니다. 생각보다 많은 아이들이 그런 일을 부모에게 이야기하지 않습니다. 그동안 이런 실패들이 축적된 것입니다. 이야기할 만한 대상이 없었던 것이고, 이야기를 했다가 상황이 더 어려워질 수도 있다고 생각하는 것입니다. 이것이 쌓이면 어느 시기가 되어 사춘기에 이르면 완전히 아이와 단절됩니다. 문을 걸어 잠그고 차단하면서 부모와 벽을 쌓게 됩니다.

그런데 어른에게도 이 안아주기가 필요합니다. 나이가 들어가면서 안아주기는 버텨주기로 전환됩니다. 격렬하거나 힘겨운 상황에서도 나를 견디고 유지할 수 있는 대상으로 부모가 필요합니다. 아주 어려운 상황에서 버텨준다는 것은 난감하고 힘든 상황을 견뎌주는 것, 폭발적인 감정, 어려운 상태에서도 부모로서 버텨주는 것입니다.

아이가 굉장히 난감하게 부모를 공격할 때가 있습니다. 도무지 말을 듣지 않습니다. 가슴을 후벼 파듯 아리게 공격합니다. 그런데 버텨주기를 잘하는 부모는 이걸 견디지만, 그렇지 못한 부모는 감정적으로 치달아 울거나 아이와 맞붙어 싸웁니다. 사춘기 아이와의 대화에서는 부모와 아이 사이에 심리적 거리를 유지하는 것이 필요합니다. 이때 아이는 삼켜짐에 대한 두려움이 크고 거리를 유지하려고 합니다.

이때 아이가 추구하는 자기만의 시간과 공간을 존중하는 부모는 싸움이 적은데, 그렇지 않고 침범하려고 하는 부모는 아이의 핸드폰, 이메일, 카카오톡 등 일거수일투족을 모두 통제하려고 해서 엄청난 싸움이 됩니다. 부모가 알아야 하는 건 맞지만, 알지만 속아주는 게 부모의 미덕입니다.

좋지 않은 부모는 관심도 없고 방법도 몰라서 그냥 모른 채 속는 부모입니다. 부모가 아는데 속아준다는 느낌을 아이에게 조금은 알려줘야 합니다. 아이가 부모에게 문제집 산다고 4000원 받고 일주일 후에 참고서 산다고 다시 2000원 받아가는 경우, 아이는 거짓말로 용돈을 확보하는 겁니다. 이때 돈을 엉망진창 쓰도록 내버려두는 게 아니라, 문제집과 참고서의 차이가 뭔지 파악하고 2000원 정도니까 필요한 게 있나본데, 하면서 한 번쯤은 눈감아주는 것입니다. "문제집이랑 참고서 자주 사는 것 같아, 열심히 해" 한마디하고 그냥 돈을 줍니다. 대신 샀느냐 안 샀느냐 확인하지 않습니다. 슬쩍 던져두는 것입니다. 이게 참 어렵습니다. 뭔가 아는 듯하면서도 모르는 듯한 거리를 유지해야 합니다.

그리고 안 되는 것의 목록을 줄여야 합니다. 아이에게 '안 돼'가 너무 많고, 철저하고 집요한 부모가 있습니다. 그런 부모는 '안 돼'를 관철시키고 아이는 부모의 힘에 이끌려갑니다. 그런 아이들이 어떤 일을 벌이는가 하면, 그런 시간을 축적했다가 삶의 어떤 시점에 한 번에 갚아줍니다. 결혼과 진로 같은 중요한 문제에서 부모가 정말 싫어하는 대상, 원하지 않는 진로를 선택합니다. 너무 많은 것을 안 된다고 하면 이렇게 결정적인 것을 아이가 뒤집습니다.

사춘기 아이에게 '안 돼'는 최소한으로 하고, 아주 중요한 문제가 아니면 내버려두어야 합니다. 하지만 정말 안 되는 건 처음부터 끝까지 안 된다고 해야 합니다. 버티기를 못하는 부모는 이랬다 저랬다 오락가락하는데, 정말 안 되는 건 안 된다고 일관성 있고 단호하게 해야 합니다. 아이들은 부모의 심리적 힘을 정확하게 압니다. 요동치는 부모, 단호한 부모를 알고 구분합니다. 단호함이 사실 버티기입니다.

아이와의 말싸움이 시작되면 그 대화를 빠져나오세요. 가급적 빨리 논쟁에서 나와야 합니다. 악순환이 계속되면 멈추는 게 힘입니다. 말도 안 되는 말에 말꼬리를 붙들고 서로 후벼 파서 나중에는 죽겠다는 지경에 이를 때까지 두지 말고, 멈춰야 합니다. 그런데 멈추는 것을 아이에게 시키지 말고 부모가 해야 합니다.

멈춘 사람이 주도권을 가져갑니다. "그만 얘기해" 하고 나와야 합니다. 그래도 아이는 막 따라옵니다. 그럴 때 반응하지 않아야 합니다. 이게 버티기인데, 중요한 심리적 힘이기도 합니다.

다루어주기, 어루만짐의 손길

이것은 어린아이에게 부모가 만져주거나 신체에 대해서 세심한 배려를 해주는 것입니다. 예를 들어 젖을 먹일 때 아이를 안아서 엄마 젖이 아이 코를 막지 않도록 배려하고 아이 머리와 다리를 편하게 하고 손을 토닥거리는 등 섬세하게 조율하는 것입니다. 아이를 섬세하게 만지고 다독이는 엄마가 있는 반면, 아이가 숨을 못 쉬어서 코가 막혀 있는데 무슨 상태인지 몰라서 아이가 젖을 먹을 때 불편해하는 경우도 있습니다. 심지어 엄마가 우울하면 아이에게 신체적으로 다루어주기를 거의 하지 않습니다. 아이를 만질 때 배도 만져주고 손도 만져주고 베개도 바로잡아주는 것, 그런 걸 애가 원하는 만큼 해주는 게 신체적 다루어주기입니다.

이런 것을 잘하면 신체적·정신적 만족이 이루어지고, 감각과 정서가 연결되고, 마음과 신체가 통합됩니다. 세심한 손길로 만져주는 배려를 통해서 감각과 정서도 몸과 같이 연결되는 것이죠. 이때는 몸이 언어이기 때문입니다.

아이가 좋아하는 강도가 있습니다. 악수해보면 상대가 원하는 강도로 악수하는 사람이 있는가 하면, 자기가 원하는 방법으로 자기 악력에 의해서 악수를 하는 사람도 있습니다. 상대가 살짝 잡으면 살짝 잡고, 상대방이 세게 잡으면 세게 잡는 게 세심하게 배려하는 것입니다. 신체를 다루어주는 데 핵심적인 것은 상대가 원하는 만큼 만져주는 것, 상대 욕구에 대한 배려입니다. 이런 배려를 잘 받은 사람은 자기의 신체와 정서를 잘 통합합니다. 반면 부모가 많이 우울하거나, 자기 문제 때문에 신체적으로 세심하게 만져주지 못한 아이들, 신체적 기능이 비인간적으로 다루어지거나 홀로 있었던 아이들은 신체적 욕구를 등한시하고, 몸보다는 마음이 훨씬 중요하다고 우깁니다. 너무 영적인 것에만 집중해 인간적이고 신체적인 것을 무시하고 몸에 관련된 것은 중요하지 않다고 생각하는 것입니다.

좋은 부모는 아이의 신체적 욕구에 민감하게 반응합니다. 물론 다루어주기 역시 하루 종일 접촉하는 것이 아니라, 적절하게 만져주어야 합니다. 성인이 되어서도 신체와 영혼, 몸과 마음의 통합이 이루어지지 않은 경우는 신체의 다루어짐에 실패한 것입니다.

대상제시, 세상을 가져다주는 방식

대상제시Object-Presenting는 쉽게 말해 엄마가 외부 세계를 아이에게 가져다주는 방식입니다. 예를 들어보겠습니다. 주로 아이가 어릴 때는 젖이나 음식, 장난감을 갖다줍니다. 아이가 원할 때 원하는 만큼 줘야 합니다. 여기서 굉장히 나쁜 방식이 아이가 배고플 새 없이 계속 젖을 물리는 것인데 이것은 엄마의 욕구입니다. 아이가 배고플 때 안 먹이고 엄마가 줄 수 있을 때만 주는 것도 대상제시 실패입니다.

자주 먹는 아이가 있고, 한꺼번에 많이 먹는 아이가 있기 때문에 아이의 욕구에 맞춰서 줘야 하는데, 자기의 욕구에 의해서 대상제시가 너무 빈번한 엄마도 있고 거의 안 되는 엄마도 있습니다. 초조한 엄마들은 대상제시를 아주 자주 합니다. 이른바 헬리콥터 맘이라고도 하는데, 청소년기에도 아이가 필요한 것 이상으로 관여해서 대상제시를 해주는 엄마입니다. 자기 욕구에 의해 대상제시가 지나치게 많은 엄마의 아이들은 대상 자체를 멀리하게 됩니다. 반면 우울한 엄마는 대상제시가 잘 안 됩니다. 적절하게 젖이나 음식, 장난감을 주지 못합니다.

아이에게 장난감이나 컴퓨터, 스마트폰을 막 들이미는 엄마가 있습니다. 이것은 엄마의 욕구입니다. 우산이나 신발을 들이

미는 엄마도 있습니다. 어릴 때 엄마가 비 오는 날 우산을 가지고 오지 않아서 너무 슬펐던 기억이 있어서 자기 아이는 모자, 우비, 장화를 세트로 마련해서 계절마다 다른 색으로 입힙니다. 아이는 불편한 장화를 신고 싶지 않은데, 엄마 욕구에 따라서 대상제시를 하는 겁니다. 이런 대상제시는 나이 들어서도 계속될 수 있습니다. "다이어트할 거니까 밥 안 먹어" 하는데 억지로 밥 차려서 먹이는 엄마. 세 숟갈 먹고 나면 아이는 음식을 거부하게 됩니다. 대상제시 실패입니다. 이것을 아이하고만 하는 게 아니라 배우자와도 합니다. 내가 한 음식이니까 감탄하면서 먹으라고 강요합니다.

그런데 어른이 아닌 유아는 외적 실패를 내적 실패로 경험합니다. 엄마가 못 주면 엄마가 못 준 게 아니라 내가 실패한 것으로 여깁니다. 이런 과정이 반복되면 아이는 걱정 없이 살아가지 못하고 불안하고 방어적인 생존 태도를 보입니다. 거짓 자기로 사는 것, 정서적으로 거리 두기 등의 문제를 불러일으키게 됩니다. 따라서 "아이의 욕구를 잘 관찰하고 파악해서 아이가 원하고 받아들일 수 있을 만큼 줄 수 있는, 적절한 대상제시가 필요합니다.

좌절이 필요한 순간

모든 것을 다 해주고 싶은 아이지만 좌절이 필요한 순간이 있습니다. 아이가 어릴 때는 심리적으로 미숙한 아이를 대신해 심리적 성숙을 도와주는 자기대상이 필요하지만 아이가 점점 자라나면서 스스로 독립해야 할 시기가 옵니다. 엄마 아빠는 일을 해야 하고 각자의 삶이 있고 동생도 태어나고 위로 형제가 있습니다. 나만을 오롯이 바라보고 이상적인 것만 지속적이고 끊임없이 공급해주는 부모는 없습니다. 모든 부모는 어쩔 수 없이 자녀에게 좌절을 줄 수밖에 없습니다. 이 좌절은 결코 독이 아닙니다.

인간은 자신이 직접 찾지 않아도 밖에서 모든 것이 공급되면, 단단한 심리적 기능을 자기 스스로 만들 필요가 없습니다. 그래서 그런 노력을 하지 않는 경우도 있습니다.

요즘 부모들은 아이에게 어릴 때부터 과도하게 많은 것을 반영해주고 공급해줍니다. 심할 경우에는 평생 동안 그 상황을 유지합니다.

이것은 성공한 양육일까요, 실패한 양육일까요? 단연코 실패입니다. 너무 귀하게 키운 자식이 잘되는 경우가 없다는 말이 있습니다. 오히려 부족하게 키운 아이가 성공하곤 합니다. 너무 과한 공급은 부족한 것만 못합니다.

적절한 형태의 좌절은 필요합니다. 그것은 부모가 해주던 자기대상을 내부에 장착시키는 '변형적 내면화Transmuting Internalization'[16]를 가능하게 하기 때문입니다. 아주 어려운 기술을 내면에 장착시키려면, 밖에서 공급이 부족하거나 문제가 생겨야 자가발전하거나 스스로 공급할 수 있게 됩니다.

아이가 어렸을 때 아이의 자기대상인 부모가 공감적 반응을 하고 욕구를 충족시켜주면, 초기 자기가 만들어집니다. 그러나 아이가 성장하면서 어쩔 수 없이 끼어드는 '최적의 좌절Optimal Frustration'이 있습니다. 이것은 압도적인 좌절이 아닙니다. 지나치게 고통스럽거나 트라우마를 안겨주는 형태가 아니라 견딜 만한 좌절입니다. 그런 좌절이 생기고 이를 극복하고 해결하는 과정에서 초기 자기에서 성장한 자기가 됩니다. 공감과 최적의 좌절이 계속되면서 성장을 통해 아이가 그 기능을 내부에 장착하기 시작합니다. 그러면 나중에는 자율적인 자기가 만들어집니다.

요즘은 부모들이 미디어와 매체를 통해 많은 것을 학습했고, 자녀 교육에 대해서도 열성인 분위기라 아이에게 열심히 공감을 해줍니다. 물론 공감은 필요합니다. 하지만 공감도 너무 과하면 문제를 만들 수 있습니다. 아이에게 전전긍긍하거나 아이가 부족함을 느끼기도 전에 욕구를 채워주기 위해 노력해서 과한 공급을 아이에게 주게 됩니다. 아이가 지나친 공감을 받으면, 밖에 나가서 외부의 반응이나 공격에 저항력이 없어서 취약해지는 상황이 발생합니다.

과한 공급은 어떻게 이루어질까요? 아이에게 공부는 공부대로 시키면서 성형도 해주고 전문가들에게 하는 상담도 놓치지 않습니다. 지적으로든 외적으로든 완벽하게 키우려고 합니다. 그러면 부모의 예상대로 완벽하고 아름다운 결과가 나올까요? 결과적으로는 아이 스스로 할 수 있는 일이 없습니다.

목숨 걸고 아이 양육에 올인하는 부모가 있습니다. 목표가 완벽한 양육입니다. 완벽주의의 형태로 매우 높은 수준의 양육 목표를 가지고 목표를 향해 달려갑니다. 이들은 아이의 24시간을 밀착해서 교우관계며 먹는 것까지 철저히 관리합니다. 하지만 견딜 수 있는 좌절은 줘도 됩니다. 좀 서러워도 되고 좀 모자라도 됩니다. 뭔가 못 미치거나 부족한 느낌을 가져도 됩니다. 그런 것을 지니는 게 아이가 긴 인생을 잘 살아갈 수 있게 만드는 탁월한 능력이 될 수 있습니다.

비록 좌절이기는 하나 아이가 감당할 수 있어서 상처로 남지 않을 때 이를 최적의 좌절이라고 합니다. 아이에게 주는 좌절은 극복할 수 없고 감당할 수 없는 극한의 좌절이 아니라, 감당할 수 있는 형태여야 하는 것이죠.

만약에 아이가 학교에서 갈등을 겪고 있다고 합시다. 이를 본 부모가 상대 아이를 찾아가서 남들이 보는 앞에서 그 아이를 응징하고 때리는 경우도 있습니다. 아이가 울면 같이 우는 부모도 있습니다. 울지는 않아도 죽고 싶다고 하소연하는 엄마도 있습니다. 죽을까 살까를 아이와 의논하는 부모도 있습니다. 이런 것들은 아이가 견딜 수 없는 좌절입니다.

최적의 좌절을 주되, 아이가 감당할 수 있는 형태의 좌절을 주는 것, 아이를 일정한 경계 안에서 키우고, 모자라거나 힘들게 하는 부분이 있어도 세세하게 몰입하기보다는 그럭저럭 이만하면 잘되었다, 하고 키울 수 있는 여유가 필요합니다. 그것이 최적의 좌절 속에 성장하는 최상급의 양육입니다.

모든 좌절을 없애주는 부모

아이의 좌절에 유난히 취약한 부모들이 많아졌습니다. 아이에게 목숨 거는 부모, 모든 생활을 아이한테 매달리는 부모가 있습니다. 그런데 이런 부모를 살펴보면 주로 부부관계가 안 좋은 경우가 많습니다. 부부관계가 안 좋으면 아이에게 매달리게 됩니다. 사람은 대상이 필요하기 때문에, 부부관계가 불안하고 힘들면 아이에게 과도하게 몰두하고 관심을 쏟습니다. 그러면 양극단에 치우쳐서 아이에게 문제가 생길 가능성도 높아집니다.

아이가 행복해지려면 무엇보다 부부관계가 좋아야 합니다. 부부관계가 좋으면 아이가 공부를 잘할 수 있다고는 보장할 수 없지만, 행복할 수 있다는 건 보장할 수 있습니다. 아이에게는 그 것만으로도 엄청난 안정감을 줍니다. 내 세상이 안전하다는 것, 이것은 중요한 심리적 자본이 됩니다. 나를 둘러싼 세상이 안전하다는 것을 아이들이 경험하면 엄청난 심리적 자본을 갖고 시작하는 것입니다. 이것이 허물어지면 많은 것을 쏟아부어도 빚더미에 있는 상태에서 계속 돈을 빌려서 밑 빠진 독에 붓는 것과 같습니다. 빌딩을 갖고 있어도 다 빚인 것과 마찬가지인 거죠.

최적의 좌절을 통해 '점진적 중성화Progressive Neutralization'[17]가 이루어집니다. 최적의 좌절 상황에서 아이는 자신을 진정시키고 안정을 주는 부모와 그 태도를 안으로 내재화하는 과정을 통해 점진적 중성화 과정을 진행해갑니다.

극단적으로 치닫는 게 아니라 중성적 상태, 자극적인 상태에서 벗어나서 너무 요동치지 않는 상태가 되는 것이죠. 심리적으로 불안정한 사람은 어릴 때 자기대상과의 경험이 불안정하기 때문에 어릴 때의 경험이 취약한 상태로 있습니다. 그래서 항상 마음속에 잔불이 남아 있고 불씨가 살아나면 그 불을 끄기를 반복하면서 불씨를 안고 살아갑니다. 그런데 이 불이 다 꺼진 상태를 심리적으로 중성화되었다고 합니다.

아이가 어느 시점이 되면 부모 손을 안 잡으려고 손을 빼는 시점이 있습니다. 대부분의 부모는 귀여운 행동이라고 생각하는데, 잔불이 안 꺼진 부모는 아이가 손을 빼는 순간 잔불에 불이 지펴져 인생에서 버려졌던 경험이 몰아치면서 버림받았다고 느끼게 됩니다. 그리고 어린아이에게 버림받은 사람이 되어 아이를 다그치거나 도망치고 싶어 하는 것이죠.

좌절이 있어야 아이는 제대로 성장한다

그렇다면 적절한 좌절 경험에 대해 설명해보겠습니다. 아이는 자기대상이 항상 내 옆에 있는 게 아니구나, 늘 공급을 주거나 필요한 것이 주어지는 게 아니라는 것을 느끼고 내적인 기능을 스스로 발휘하기 위해 심리적 자가발전을 합니다. 부모가 안 주니까 내가 해야 하는 것입니다. 적절한 좌절은 아이 내부에 최상위 단계의 심리적 기능을 장착시킵니다. 예를 들면 공감하거나 위로하는 기능을 자기 마음에 심어놓는 것입니다.

아이에게 심리적으로 호응해줘야 하고 공감해야 하는 건 맞습니다. 특히 어린 시절에는 아주 중요합니다. 그런데 아무리 노력해도 관계에는 좌절이 있을 수밖에 없습니다. 누군가를 만났을 때 처음부터 끝까지 조금의 거리낌이나 불편함이나 불일치도 없는 관계는 없습니다.

제 아이를 예로 들어보겠습니다. 저희 아이는 유독 달리기를 못했습니다. 몇 명이 달리든 항상 그중에서 꼴찌를 하는 거죠. 어느 날, 달리기를 하는 상황이 아이에게 극도의 긴장감을 준다는 걸 알게 되었습니다. 아이의 긴장감이 어느 정도였느냐면 달리기가 있는 운동회를 앞두고 있으면 아이는 그날, 천재지변이 일어나기를 바랄 정도였습니다. 아이가 아주 어릴 때는 달리기 때문에 힘들어하면 "괜찮아, 괜찮아" 하는 걸로 아이를 달랬고 조금 커서는 "달리기 힘들지, 친구들 보기에 창피하지, 안 하고 싶지?" 하고 마음을 알아주었습니다. 그리고 고학년이 되었을 때 "네가 뭔가를 잘할 때 그걸 못하는 아이들이 어떤 기분인지를 너는 달리기를 통해서 배우는 거야, 달리기를 못하는 게 정말 불편하고 힘들고 창피하지만, 이걸 통해서 누군가 무언가를 진짜 못할 때 어떤 기분인지를 아는 게 너한테 중요할 수 있어. 이건 너에게 특별히 주신 기회일 수도 있어. 중요한 거니까 잘 가지고 다녀"라고 아이에게 이야기해주니 여전히 달리기를 불편해하지만 안 뛰겠다는 말은 하지 않았습니다.

이런 것이 어떤 의미에서는 좌절이지만, 우리를 심리적으로 성숙한 단계로 올려놓는 디딤돌이 됩니다. 심리적으로 성숙하다는 것은 뒤처지지 않고 잘하는 걸로 이루어져 있는 것이 아닙니다. 내가 부족하거나 못 미치거나 하고자 했지만 꺾인 경험을 어떻게 처리하는가를 말합니다. 그것을 잘 처리하는 능력이 관계의 최상위 기술입니다. 아이들에게 이걸 가르치고 이 능력을 지닐 수 있도록 만들어줘야 합니다. 개인의 삶에서 고유한 모양을 갖추게 되는 능력은 주로 우리의 삶에서 일어났던 좌절을 어떻게 처리해왔는가에 달려 있다는 걸 알 수 있습니다.

사랑을 지나치게 받은 사람, 사랑을 받지 못하고 박탈된 상태로 방치된 사람, 둘 다 부모가 되면 어려움을 겪습니다. 너무 사랑을 못 받은 사람은 부모가 뭘 해야 하는지 본 적도 없고 경험이 없습니다. 이들은 책을 보거나 교육을 열심히 받는 경향이 있습니다. 충족되지 못한 느낌 때문입니다. 하지만 경험한 바가 없기 때문에 실제로 아이를 키울 때 어려움을 겪습니다.

반대로 지나치게 많은 사랑을 받은 사람은 자신이 항상 중심에 있기 때문에 누군가에게 사랑을 주거나 배려하기가 어렵습니다. 아주 귀하게 자란 아이들이 결혼하면 어려움을 겪습니다. 귀하게 자란 아빠는 아이가 배가 고파 울고 있어도 자신이 우선입니다. 자기부터 배고픔을 먼저 해결하기 위해 밥을 먹어야 하기 때문입니다. 본인이 가장 중심에 있습니다. 그래서 좋은 아빠가 되기 어렵습니다. 에너지는 언제나 자기 위주로 쓰이고, 항상 밖에서 모든 것을 공급받았기 때문에 자신이 늘 우선순위입니다. 심지어 어린 자녀에게도 아빠 자신을 우선순위로 두고 자신을 먼저 배려해줄 것을 요구합니다.

한쪽은 본적이 없어서 못하고, 한쪽은 본 건 많지만 자기가 해본 적이 없어서 양육에 실패합니다. 그래서 적절하게 사랑을 받은 사람이 가장 심리적으로 건강합니다.

좋은 것, 나쁜 것

좋은 양육을 하는 부모는 통합과 분화를 적절하게 잘해서 결국 통합을 완성합니다. 통합Integration은 두 개의 정신적인 요소를 의미 있게 합치는 것, 분화Differentiation 혹은 변별Discrimination은 두 개의 정신적인 요소를 따로 떼어놓는 것입니다.

무언가를 통합하거나 분화한다는 것은 나눠져 있을 때 합치는 것이고, 합쳐져 있을 때 나누는 것이니까 서로 보완적인 관계입니다. 건강한 사람들은 나뉘어 있는 요소를 통합하는 것을 잘하고, 통합된 것이 어떻게 나뉘어 있는지도 잘 인식합니다.

우리가 어떤 것에 대한 상호작용을 할 때 반응을 하게 됩니다. 예컨대 화가 날 때, 이 화에 대해 분화시킬 수 있으면 언어로 설명할 수 있습니다. "엄마가 바깥에서 더운 날씨에 힘들게 일을 하고 왔는데 네가 그렇게 투정을 부리면 참는 게 너무 힘들어져", "아빠는 참는 힘이 거의 바닥이 났어. 너 이렇게 조금 더 칭얼거리면 아빠가 너한테 화를 낼 것 같아, 그만해" 이런 것이 분화적인 설명입니다.

그런데 이런 설명 없이 "너 죽을래, 이 더운 날 너까지 왜 이래" 하고 소리를 지르면, 아이 입장에서는 엄마의 입에서 엄청난 말이 떨어졌는데 그 어떤 설명도 이해되는 것도 없습니다.

자신을 통합적으로 이해한다는 것을 영화 〈국제시장〉을 통해 예로 들어보겠습니다. 영화의 주인공인 덕수의 삶을 들여다보면, 덕수는 어린 시절 전쟁의 트라우마를 경험하고 여동생을 잃어버렸다는 깊은 죄책감 때문에 가족을 지켜야 한다는 아주 중요한 주제를 인생 전체에 모두 걸고 살아왔습니다. 이게 덕수의 삶을 통합적으로 이해하는 것입니다. 파편적인 사건들로 보는 게 아니라, 관통하는 주제를 가지고 덕수는 그렇게 삶을 살아간 사람이라고 봅니다. 진로든, 결혼이든, 재산을 관리하는 방식이나 노래를 좋아하는 방식, 손녀를 데리고 걷는 방식도 이 축을 가지고 통합하여 생각할 수 있습니다.

우리는 우리 삶에 흐르는 통합된 주제를 자각할 필요가 있습니다. 부모로서의 자신에 대해서도 마찬가지입니다. '나는 부모로서 어떤 축을 가지고 아이를 키우는가?', '내 양육의 통합적 축은 무엇인가?'가 해당합니다.

어떤 의미에서 상담이나 심리치료는 통합적 주제를 파편적 사건에서 찾아내는 행위입니다. 상담자가 많이 하는 일이 파편적 사건들에서 삶의 주제, 핵심적인 스토리라인을 파악하고 끄집어내는 것입니다. 왜냐하면 사람들은 분화는 잘 시키지만, 통합을 잘하지 못합니다. 아이를 가혹하게 몰아친 것 따로, 내가 서러운 것을 따로 바라보지만 이것은 모두 서로 연결되어 있습니다. 그걸 꼭 상담자만이 찾을 수 있는 게 아니라, 부모 스스로가 나에 대한 통합적 이해를 하는 게 필요합니다.

제가 만난 어떤 의사는 의사 자격증 하나만 가지고는 경쟁력이 없다고 생각했습니다. 법률 쪽도 잘 알아서 누구도 건드릴 수 없는 안전하고 독보적인 존재가 되고 싶어 했습니다. 일단 공부를 열심히 해서 의사가 됐는데, 확실한 경쟁력을 갖추기 위해서는 다시 법관이 되어야 한다고 생각했습니다. 그런 상태에서 자신을 보니까 반쪽짜리처럼 보이는 겁니다. 스스로 보잘것없다고 생각합니다. 인생에서 많은 시간을 보냈는데 반밖에 못했고, 가야 할 길이 너무 많이 남아서 초라하다고 느낍니다. 자격증도 하나 더 따야 하고, 고급 영어도 구사하고 싶고, 운동은 국가대표급으로 해야 합니다. 그래서 늘 불만족스럽고 행복하지 않습니다. 그런데 대부분의 사람들은 자기에게 만족하는 사람을 곁에 두고 싶습니다. 자기가 못 미치는 것에 대해서 못 견뎌 하고 열등감에 시달리고 예민한 사람들 옆에 있으면 불편해서 튕겨져 나오게 마련입니다. 이 의사는 자신이 가진 장점이 너무나 많은데도 자신의 내면에 나쁜 게 너무 많다고 느낍니다. 끊임없이 자기를 비하하고 반성하고 더 채워 넣어야 한다고 닦달합니다.

인간은 자기 안에서 나쁜 것을 통합해야 합니다. 내 속에 못나고 우스꽝스러운 면, 입 밖으로 내어 말하기에 치사한 것이 있습니다. 자기에게 이런 게 없다고 생각하면 분열이 심한 경우입니다. 그런 부정적 측면이 없어 보이는 사람이 있지만, 없는 척하는 것입니다. 열어보면 다 있습니다. 그걸 어떻게 내가 받아들이고 지니는가가 통합입니다. 없는 것, 안 보이고 싶은 것, 차마 들키고 싶지 않은 것, 남들한테 이야기할 때 뒷자리에 빼놓는 것, 그것을 어떻게 처리하는가가 매우 중요한 역량입니다. 그래서 진짜 자신감은 있는 걸 편안하게 있다고 하고, 없는 것도 편안하게 없다고 하는 것에서 나옵니다. 자신감은 뭘 많이 가져서 이런 걸 가졌다고 드러낼 수 있는 힘이 아니라, 없는 것도 편안하게 없다고 말할 수 있는 능력입니다.

항상 그 자리에 있어

통합과 관련된 중요한 현상 중 하나가 대상항상성입니다. 대상에 대해서 일정한 이미지를 유지하는 것이죠. 앞서 설명한 아이의 심리적 탄생 발달 단계에서 대상항상성의 중요성을 강조한 마가렛 말러가 이렇게 이야기했습니다.

> 대상항상성은 내부의 좋은 대상과 관련이 있으며, 그것은 이전에 지지와 위로, 그리고 사랑을 제공했던 실제 엄마가 있었던 것처럼 이제는 동일한 기능을 하는 엄마의 심리적 이미지를 가지고 있는 것을 의미한다.[18]

평소에 아이에게 아주 좋은 엄마가 있습니다. 하지만 어느 날 보고 싶은 텔레비전 프로그램을 못 보게 하면 아이가 진심을 다해서 "엄마, 미워"라고 합니다. 그런데 엄마가 조금만 잘해주면 "엄마, 사랑해"라고 합니다. 이렇게 분열되어 있다가 어느 순간 '엄마가 참 미운데 그래도 참 좋아' 이런 생각을 마음에 갖기 시작합니다. 싫은 게 있지만 싫을 때도 좋은 느낌을 유지합니다. "엄마, 미워" 하면서 엄마를 붙들고 있습니다. 말은 밉다고 하면서도 엄마 곁에 와 있습니다. 우리가 대상에 대해서 건강하다는 것은 대상이 전혀 밉지 않은 게 아니라, 미울 때도 그 대상에 대한 좋은 이미지를 유지할 수 있는 능력인데 이것은 대상항상성을 갖고 있는 사람들의 특성입니다.

지금 내 곁에 있는 배우자가 미운 면도 있지만 사랑합니다. '이런 부분은 참 싫지만, 그래도 이 사람이 이런 좋은 점이 있지.' 전체적으로 배우자에 대해 긍정적인 이미지를 유지합니다. 사람을 만나고 관계를 맺다 보면 내 자녀든 배우자든 좋은 것도 있지만 나쁜 것도 있습니다. 그래서 우리가 부모에 대해서 좋은 말만 할 수가 없습니다. 마찬가지로 아이들도 복잡한 것이 있어서 어떤 대상과 관계가 깊어지면 좋은 것과 나쁜 것이 함께 있음을 받아들이고 통합해가면서 좋은 관계를 만들어갑니다.

어떤 나이 든 부부가 아주 사이가 좋아 보입니다. 남자들은 이렇게 생각합니다. '무슨 복이 많아서 저런 여자를 만났을까?' 반대로 여자들은 '무슨 복으로 저렇게 괜찮은 남자를 만났을까?' 라고 생각합니다. 서로 좋은 상대를 만났기 때문에 저렇게 사이가 좋은 것이라고 생각합니다. 그런데 그렇지 않습니다. 자세히 들여다보면 굉장히 좋거나 굉장히 나쁜 사람은 존재하지 않습니다. 저 남자에게 좋은 게 있지만 참을 수 없이 싫고 짜증나는 게 있습니다. 답답한 구석이 있지만 착하고 성실하거나 나에게 헌신했던 부분이 있습니다. 그러면 숨이 막힐 듯 답답한 부분과 대단한 부분을 통합시켜서 보는 것입니다. 그런 시선을 가진 사람들이 주로 관계를 잘 맺습니다. 완벽하게 너무 가정적이어서 사이가 좋은 게 아닙니다. 세상에 '별 남자 없고 별 여자 없다'는 말이 있는데 맞는 말입니다. 들여다보면 누구나 좋은 면과 나쁜 면이 있습니다.

프로이트의 딸 안나 프로이트Anna Freud는 이렇게 말했습니다.

> 대상항상성은 '그 사람이 비록 불만족스러울 때에도 계속 애착관계를 형성할 수 있는 능력', 동일한 대상에 대해 사랑과 적개심의 두 감정을 동시에 인식하고 인정하는 능력이다.[19]

중요한 대상에게 우리는 사랑과 적개심, 이 두 가지 감정을 동시에 느낍니다. 부모에 대해서 사랑을 느끼지만 동시에 불편감과 어려움을 느낍니다. 불편감을 느끼고 힘든 게 있지만 사랑을 놓을 수 없습니다. 이게 대상항상성입니다.

만약 삼십대 성인이 문장 완성 과제에서 '우리 어머니는 세상에서 가장 아름답고 훌륭한 분이다', '어머니는 세상에서 가장 따뜻하고 헌신적인 분이며 나는 그런 어머니를 사랑한다', '어머니는 나를 완전히 사랑하신다'라고 쓴다면 왠지 어색합니다. 길게 지속된 관계가 너무 아름답다는 건 뭔가 아닌 것을 우기고 있을 가능성이 높습니다. 반대적인 감정이 너무 심한 것도 병리적입니다. "너무 사랑해서 죽여버리고 싶어!" 영화에 나올 법한 소재입니다. 인간에게는 대상을 바라보는 다양한 감정이 뒤섞여 있고 이를 잘 통합하면서 대체로 긍정적 감정을 유지할 수 있습니다.

저는 종종 '서푼어치밖에 안 갖고 있어도 부모는 부모다'라고 말합니다. 부모로서 아이에게 해줄 역량이 많아서, 심리적 자본과 경제적 자본이 많아서 부모로 멋지게 산 사람이 있는가 하면, 가진 게 서푼어치밖에 없어서 일상적인 양육을 전혀 해줄 수 없고 돈도 없고 심리적 기능도 낮아서 위로를 해줄 수 없는 사람도 있습니다. 그런 사람이 서푼어치도 안 되는 걸 가지고 평생 부모로 고군분투하며 살아갑니다.

두 사람이 신 앞에 가서 누가 더 칭찬을 받을까 생각해볼 때가 있습니다. 아마도 신은 후자에게 더 수고했다고 하지 않을까요? 우리가 어떤 의미에서는 우리의 부모를 이해하는 방식도, 가진 게 그것밖에 없는 상태에서도 부모라는 이름을 포기하지 않은 걸로 그들을 존경하고 사랑하는 부분이 있습니다.

사람은 누구나 심리적으로 약한 면이 있고, 내 마음대로 조절되지 않는 게 있고, 어려운 부분이 있습니다. 그래도 부모라는 이름을 포기하지 않고 여기까지 왔다면 부모라는 점수를 매길 때

딱 떨어지는 정답으로 채점하는 것이 아니라, 계산법이 다를 수 있습니다. 많이 가진 자본으로 멋지게 해내는 사람도 있지만, 자본이 없는 가운데 최선을 다했다면 자녀들도 압니다. 자녀도 최선을 다한 부모를 알아봅니다.

좋은 관계를 맺는 사람은 좋은 사람과 좋은 부모와 좋은 자녀가 만나서가 아니라 자녀든 부모든 끊임없이 대상항상성을 발전시키고 유지하는 사람입니다. 좋은 배우자관계도 좋은 여자와 좋은 남자가 만나는 게 아니라, 부족한 가운데 끊임없이 노력함으로써 대상항상성을 유지하기 때문에 가능한 것입니다.

너의 삶은 너의 것

통합과 분화가 적절히 유지되면 개별화가 잘됩니다. 개별화가 잘되었다는 것은 자신과 타인 사이에 독립성을 유지하는 동시에 안정된 감각으로 분열과 통합을 잘 조절하는 사람이라고 말할 수 있습니다. 이런 사람들은 대상과 같이 있는 것에 대해서도 견디고, 떨어져 있는 것에 대해서도 견딥니다. 함께할 수 있는 부분에 대해서도 받아들이고, 함께할 수 없는 부분도 받아들입니다. 저 사람이 아무리 나를 사랑해도 나와 맞지 않을 수 있다는 것을 포용합니다. 당신이 내 남편이기 때문에, 내 아내이기 때문에, 네가 내 자식이기 때문에 반드시 이렇게 해야 한다는 게 아니라, 네가 나와 달라서 불편해할 수 있고 나도 너를 불편해할 수 있다는 것, 맞출 수 없는 부분이 있다는 걸 받아들입니다. 그 과정에서 좌절도 겪을 수 있지만 전반적으로 상대방이 괜찮다는 것을 유지합니다.

이런 사람들이 자녀와의 관계를 잘 이끌어 나갑니다. 특히 사춘기 아이와의 관계에서는 이런 능력이 많이 필요합니다. 이미 아이는 생후 3~4개월부터 개별화를 시작합니다. 3~4개월에 뒤집기 시작하고, 6~8개월에 기게 되면서 품 안에서 나가려 합니다. 아이는 나와 닮은 것도 많고 심리적으로도 유사한 면이 있지만, 나와는 다른 존재입니다. 내가 아주 잘 아는 존재지만 내가 도무지 알 수 없는 영역이 있는 존재이기도 합니다. 너무 모른다고 하기엔 너무 많이 알고, 다 안다고 하기엔 너무 많이 모릅니다.

아마 많은 부모들이 아이들이 상담을 하러 와서 부모에 대해 묘사하는 걸 들으면 충격을 받을 수도 있습니다. 동일한 사건을 이렇게 보고 생각할 수 있구나 할 정도로 날것의 언어로 묘사합니다. 아이는 부모와 많이 닮아 있고 연결되어 있지만 정말 다른 부분이 있습니다. 그런데 다른 사람들보다 그걸 내 아이에게 용납한다는 게 어렵습니다. 너무 많이 닮아 있기 때문입니다.

　　건강한 사람이란 경계가 분명하고 진실하며, 정서적으로
전체성을 경험할 수 있는 삶의 주도적 대리자Agent로서 삶
을 살 수 있는 자기가 확립된 사람이다.[20]

-마이클 클레어

　　경계 설정이 가장 어려운 것이 부모와 자녀 사이입니다. 게다
가 우리 문화는 다른 문화보다 경계 설정이 더 명확하지 않습니
다. 또한 경계가 정말 중요한 것이 부부관계입니다. 그럼 질문을
해보겠습니다.

　　"부부가 더 친해야 할까요, 부모와 자녀가 더 친해야 할
까요?"

　　머리로는 부부라고 생각하는데, 행동은 그렇지 않습니다. 예
를 들어 집을 사고팔 때, 중요한 일이 있을 때, 큰돈이 오고가는
흐름에 대해서 남편이 시어머니와 의논합니다. 이게 심리적 결혼
시스템입니다. 그런데 나의 부부시스템보다 배우자의 원가족에
서 부모자녀시스템이 강력한 것을 경험하면 나의 자녀에게까지

이어져, 장성한 아들과 심리적으로 결혼합니다. 그런 상황이 이어지면 아이가 결혼을 한다고 할 때 독립이 이루어지지 않고 빼앗기지 않으려고 할 겁니다. 우리 사회는 부모와 자녀의 경계 부분이 너무 밀착되어 있어서 이를 더 눈여겨보고 주의를 기울여야 합니다.

나의 자아가 잘 확립되어 있으면 부부시스템도 선명하게 확립되고, 자연스럽게 자녀와 부모 사이의 경계가 만들어집니다. 즉, 내가 건강하게 개별화되면 강력한 부부관계를 만들고 아이를 끌어들이는 삼각관계를 만들지 않아도 됩니다. 또한 원가족 안에서 부모와 분리되지 못해 결혼을 하고도 제대로 된 결혼관계를 유지하지 못하는 불행에 빠지지 않습니다. 단순히 부모자녀관계를 아이와 엄마, 아이와 아빠관계로 보는 게 아니라 여러 맥락 안에서 봐야 하는 것은 이런 이유 때문입니다.

지금까지 설명한 양육의 심리적 기술은 어린 시절에 매우 중요한 기술이지만 단지 생애 초기 단계에서만 필요한 게 아니라, 아이가 사춘기가 되고 성인이 된 상태에서도 관계 속에서 기억해야 할 것들입니다. 아주 어린 시절부터 나이가 들어도 다른 방식으로 활용될 수 있는, 삶에서 중요한 관계기술이자 양육기술이기도 합니다.

"많이 가진 자본으로
멋지게 해내는 사람도 있지만,
자본이 없는 가운데 최선을 다한 부모를
자녀도 알아봅니다. "

7강

부모가 아이를
아프게 한다

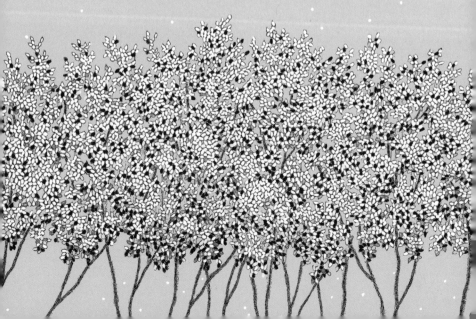

7강

부모는 어떻게 아이를 아프게 하는가

부모가 아이를 아프게 합니다. 하지만 부모는 자각하지 못합니다. 사랑을 준다고 하지만 결코 사랑을 주지 않는 형태입니다. 그렇다면 아이를 아프게 하는 부모의 특성을 어떻게 알아볼 수 있을까요? 우선 투사Projection, 투사적 동일시Projective Identification, 분열Split, 이상화Idealization와 평가절하Devaluation, 대표적으로 이 네 가지의 구분으로 살펴볼 수 있습니다. 건강하지 않은 부모의 심리적 기저에서 작동되는 원리입니다. 건강하든 건강하지 않든 우리 속에 이런 요소가 있지만 병리적이거나 심하게 왜곡된 형태, 또는 좋지 않은 방향으로 움직이면, 부모가 아이를 매우 힘들게 할 수 있습니다. 그런 경우를 예로 들어 설명하겠습니다.

내가 원하니 너도 원하는 거지

내가 나에 대해 지니고 있기 힘든 것이 있습니다. 예를 들면 내 안에 엄청난 공격성이 있습니다. '누군가로 인해 피해를 입고 있다', '내가 공격당했다' 이런 공격성에 시달리면 힘드니까, 이 공격성을 상대방의 것으로 전가하려고 합니다. 가끔 나오는 폭행사건 기사를 보면 길 가다가 시비가 붙어서 싸움이 났는데 이유를 물으니까 상대방이 나를 째려봤다고 합니다. 나를 가만두지 않고 심하게 공격하려는 공격성을 보고 그에 대처하려고 주먹질을 했다는 건데, 그 눈빛에서 본 공격성은 그 사람의 것일까요, 내 것일까요? 내 것이라고 대답하는 사람은 건강한 사람입니다. 이런 사람은 주먹질을 하지 않습니다. 그런데 '분명히 저 사람이 나를 치려고 했다'라고 생각합니다. 이것이 투사입니다. '나를 쳐다보는데 내가 대처하지 않았으면 맞을 뻔했다', '나를 먼저 공격할 거야' 하는 심리인 건데 사실 이 공격성은 나에게 있습니다. 그런데 그 공격성이 상대방에게 있다고 하는 것입니다. 또 예를 들면 "콩국수 맛있잖아. 우뭇가사리 넣어서 먹으면 기가 막히거든, 먹고 싶지?" 하는 것도 투사입니다. 상대방이 아니라 자기가 맛있는 것인데 말입니다. 아이에게 "짜장면 먹고 싶지?" 하는 것도 투사입니다. 이렇게 일상생활에서도 투사가 많이 이루어집니다.

우리는 가족에게 사소한 투사부터 심각한 투사까지 투사를 많이 합니다. 특히 내가 의미부여한 아이에게 많이 하게 됩니다. 아이가 나와 동일할 거라고 믿고 의미를 부여하는 것이죠. 나에게 중요한 건 너도 중요하고 내가 기뻐하는 것을 너도 기뻐하고 내가 불편해하는 것을 너도 불편해할 것이라고 생각하면서 말이죠.

보통의 관계에서 투사를 했다가 반사되면 좌절하고, 다음에는 시도하지 않습니다. 그런데 자녀와의 관계에서는 투사를 하고 나서도 포기하지 않습니다.

예를 들어 피아노를 더 이상 배우지 않겠다는 아이를 10년이나 집요하게 피아노를 가르칩니다. 피아노는 내 인생의 좌절이자 전부였기 때문입니다. 너는 여기서 꺾이면 안 된다, 내가 8년 치다가 그만뒀으니까 너는 그보다 더 오래 쳐야 한다고 합니다. 나에게 중요했던 게 너에게도 중요할 거라고 믿습니다. 투사가 심한 사람들은 이를 거둬들이지 않고 상대가 실제로 그렇다고 믿습니다.

그래서 투사가 심한 사람과 만나면 힘들어집니다. 내가 원하지만 아이는 원하지 않을 수 있고, 아이는 원하지만 내가 원하지 않을 수 있습니다. 자기와 대상을 구분해야 하는데 혼재되어 있습니다.

처음에는 헷갈립니다. 아이에게는 정말 투사가 많습니다. 자신이 엄마 아빠와 자고 싶으면 진심으로 엄마 아빠가 자기와 자고 싶어 한다고 생각하고, 사탕을 빨고 있다가 엄마 아빠에게 주면 엄마 아빠가 기뻐할 거라고 생각합니다. 그런데 연령이 조금 높아지면 원치 않는 감정을 부모와의 관계 밖으로 투사합니다. 내가 원하는데 부모가 원하지 않는 게 있으면 인형에게 공격성을 보이는 형태로 투사를 합니다. 하지만 나는 좋아하지만 부모가 좋아하지 않는 게 있음을 점점 인지하게 됩니다.

성인이 돼서도 내가 좋아하는 것을 상대방이 좋아한다고 믿고, 내가 싫어하는 것을 다 싫어할 거라고 상대방에게 던져놓고 그것을 인정하지 않는 상호작용이 반복되면 관계에서 숨이 막힙니다. 관계가 이루어질 수가 없습니다. 그런데 부모자녀 간의 관계에서 이것을 인지하지 못하고 맞다고 우기면서 투사라고 하지 않는 것이 문제를 일으킵니다.

투사가 꼭 부정적이지는 않습니다. 긍정적인 것도 있습니다. 타인에 대한 이해나 공감은 투사를 기반으로 합니다. '내가 그 입장이 되면 그런 심정이겠네', '내가 그런 상황이 되면 정말 마음이 힘들겠네', 그 사람의 상황을 내 것으로 들고 와서 내가 그 자리에 가보는 것입니다. 내가 그 상황이 되어 공감해주는 것입니다.

그런 측면에서 타인에 대한 이해도 마찬가지입니다. '애가 그렇게 아프면 엄마가 힘들겠네', '일하는 여자가 아이 키우기 쉽지 않지', '아이가 어릴 때는 더하지', 이런 면이 투사를 통해서 일어납니다.

그런데 부정적으로 공격을 미리 예상하고 공격행동을 한다든지 타인에 대한 오해, 근거 없는 예측을 하면 관계는 어려워집니다. 투사의 속성을 이해하고 이를 적절히 활용하는 것이 필요합니다.

내 뜻대로 움직여야 해

투사는 상호작용이 없지만 투사적 동일시는 실제로 다른 사람과의 상호작용에서 상대를 조정하거나 정서적으로 조작하려 한다는 것에서 차이점이 있습니다.

투사적 동일시는 상대방을 조정합니다. 나의 심리적인 부분을 상대방에게 던지고 상대방이 그걸 하게 합니다. 상대방이 뭔가를 하도록 조정해서 그런 행동을 실제로 하도록 만드는 것이죠. 이것에는 단계가 있습니다.

1단계. 자신의 어떤 측면을 대상에게 투사한다.

2단계. 대상 안에서 투사된 자기의 측면을 통제하려고 시도한다. 즉, 내 것을 아이에게 던지고, 아이가 그런 행동을 하도록 조정하거나 통제한다.

3단계. 자신의 투사된 측면이 자기에게 속한 것임을 어떤 수준에서 자각하고 있음을 드러낸다.

그런데 그 행동을 한 건 아이입니다. 네 것인지 내 것인지 헷갈리는 지점 때문에 서로 불편해집니다. 관계에서 내가 하찮고 보잘것없다는 감정에 시달리는 부모가 있습니다. 이 부모는 관계 속으로 들어가지 못하고 이방인으로 떨어져 있는 자신을 수치스러워합니다. 사람들 사이에 끼지 못하고 사람들이 나를 좋아하지 않는다, 나는 못났다는 마음이 많습니다. 그런데 이것을 내 것이라고 느끼면 불편하니까, 관계에 잘 끼지 못하고 늘 바깥으로 도는 마음을 아이에게 던집니다.

특히 투사를 할 때는 투사할 요소가 있는 대상을 알아봅니다. 형제 사이에서 주도권을 못 갖고 쭈뼛거리는, 자기가 수용하지 못하는 자신의 나쁜 것을 가진 아이를 목격합니다. 그러면 하찮은 나를 그 아이에게 투사합니다.

그런데 여기서 머무르지 않고 아이가 쭈뼛거리고 사람들에게 못 끼고 당황할 수밖에 없는 상황을 조정합니다. "빨리 못해? 똑

바로 하란 말이야, 왜 못 끼어, 정신 바짝 차려"라고 말하는데, 눈빛과 표정으로 답답해하고 하찮아하는 것이 언어와 비언어로 아이에게 전달됩니다. 원래 3초 만에 이야기할 수 있는 아이인데, 부모가 2초에 끊고 들어와서 격앙된 형태로 소리를 지르고 다그치면, 주눅이 들어서 말을 못하게 됩니다. 그러면 부모는 말을 못한다고 다시 아이를 다그칩니다. 또 울면 운다고 뭐라고 합니다. 그런 상황에서 아이는 원래 뭘 하려고 했는지를 잊어버립니다. 아이의 머릿속이 하얗게 됩니다. 진짜로 의견을 이야기할 수 있는 쉬운 상태인데 전혀 말할 수 없는 상태로 몰리게 됩니다. 그래서 못난 아이가 됩니다. 아주 쉬운 것도 못하는 아이로 부모가 아이를 밀어버리는 것이죠. 알고 그러는 것은 아닙니다. 자기도 모르게 합니다. 계속 아이에게 이렇게 밀어붙이면 아이는 이 기억 때문에 내가 말을 못하고, 하찮고, 부모가 나를 싫어하고 사람들 역시 나를 싫어한다고 생각하게 됩니다.

부모가 자기에게 있었던 부정적이고 고통스러운 부분을 아이에게 던지고, 아이가 그런 상황으로 갈 수밖에 없도록 만드는 무의식적인 형태의 조정을 합니다. 이것이 반복되면 실제로 부모가 예측하고 던진 대로 아주 쉬운 이야기도 하지 못하는 아이가 되어갑니다. 이런 악순환이 반복되면서 진짜로 내가 불편했던, 내가 수용하지 못한 형태를 아이에게 옮겨놓는 것입니다.

투사적 동일시가 많은 관계는 결국 부정적으로 끝이 날 수밖에 없습니다. 어느 순간 아이가 부모를 차단합니다. 심리적으로도 공간적으로도 부모를 밀어내고 못 들어오게 합니다.

반면 이럴 힘조차 없는 아이는 부모의 조정에 계속 말립니다. 엄마 아빠가 옮겨놓은 가장 부정적인 것들이 아이에게 작동되어서 그게 엄마 것인지 아빠 것인지 구분하지 못하고 자기가 마치 원래 그러한 사람인 양 받아들입니다.

부모가 투사적 동일시가 심한 사람이라면 자녀 중에 누군가에게는 이런 영향력을 행사합니다. 아빠가 힘에 의한 투사적 동일시가 심하면, '내가 없으면 안 돼'가 너무 중요하게 작용합니다. 아이의 모든 것을 아빠가 결정합니다. 심지어 쇼핑을 하거나 장을 보는 것도 아빠가 통제해야 합니다. 어떻게 보면 다정다감하지만, 그런 행동을 계속 하면서 '내가 없으면 안 돼'라는 메시지를 보냅니다. 그래서 상대를 무력하고 의존적인 상태로 만듭니다. 내가 없으면 안 된다는 것을 확인하기 위해서 상대방에게 자기가 없게 만드는 것입니다. '내가 없으면 안 돼'가 강력한 부모는 자녀의 삶에서 너무 많은 것을 개입하고 관여합니다.

이런 부모는 아이가 학교에서 돌아와 씻으러 들어가는 동안에도 열 가지 이상을 명령할 수 있습니다. 바로 손 씻어라, 신발 바로 벗어라, 양말 신고 방에 들어가지 말고 곧장 욕실에 들어가라 등등 사소한 것에서부터 중요한 것까지 아이의 삶에 관여하고 자신의 뜻과 의지가 관철되게끔 만듭니다. 이 수만 가지 조정은 둘의 관계를 숨 막힐 정도로 어렵게 만들어버립니다. 그래서 아이가 '나는 당신 없이는 안 돼요'라는 메시지를 안고 삶을 살아가게 하는 것입니다.

힘의 투사적 동일시를 쓰는 부모는 자녀가 크면 결혼한 자녀들을 자기 주변에 모아놓고 살면서 보러 오지 않을 때는 응징을 하고, 찾아오면 보상을 해줍니다. 주로 돈이나 먹는 것을 이용합니다. 심리적으로 그런 부모들은 자녀의 결혼, 육아까지도 모두 통제하고 싶어 합니다.

반대로, 의존의 투사적 동일시를 쓰는 부모에게는 기저에 깔린 메시지가 '나는 너 없이는 안 돼'입니다. 수많은 것을 스스로 할 수 없다는 내적 상태를 상대에게 옮겨놓습니다. 그래서 어린 아이들조차 이런 부모가 있으면 무언가를 해주어야 하고 보살펴야 할 것 같은 조정을 당합니다. 그래서 알코올중독이나 심각한 병리적 상태에 놓인 부모를 둔 아이들은 아주 어린 시절부터 부모를 돌보기로 결심하게 됩니다. 아이가 어른의 옷을 입고 생활하는 것처럼요. 아이는 내부적인 사정은 안 되는데 의존적 투사적 동일시를 사용하는 부모를 돌보느라 죽을 지경이 됩니다. 그래서 자신의 삶을 온전히 살지 못하고 내적으로 매우 빈약한 심리적 기형을 형성하게 됩니다.

밖에서 보면 보이는데 자기 자신은 안 보입니다. 누군가 "애를 너무 그렇게 끼고 돌지 마라" 하고 똑같은 이야기를 한다면 '내가 많이 통제하는구나' 자각해야 합니다. 반복적으로 여러 경로에서 "아이를 너무 많이 밖에 내버려두시네요" 하는 이야기를 들으면 너무 기분 나빠하지 말고 '내가 아이를 방치했구나' 하는 걸 스스로 돌아보아야 합니다. "애를 너무 많이 닦달한다"고 하면 나에게 그런 모습이 있음을 눈치 채야 합니다. 주변에서 주는 피드백, 특히 반복된 피드백은 주의 깊게 들어야 합니다.

너무 듣기 싫고 부인하고 싶지만, 핵심을 찌르는 이야기일 수 있습니다. 특히 많이 불편하다면 내 것일 가능성이 높습니다. 내 것과 상관이 없으면 여유롭게 받아들일 수 있는데 내 것을 건드리면 불편해집니다. 반복된 이야기 중에서 거슬린다, 변호하고 싶다, 예외를 설명하고 싶다, 아니라고 표현하고 싶다면 주의 깊게 보기를 바랍니다. 특히 양육에 관해서 배우자가 하는 피드백을 주의 깊게 들어야 합니다. 오래 보고 반복적으로 본 사람이 이야기한다면 중요한 문제입니다.

투사적 동일시에도 긍정적인 측면이 있습니다. 사랑하는 연인 사이에서 내가 사랑하는 마음을 던지고 그 사람이 나를 사랑하도록 합니다. 눈이 마주치면 방긋방긋 웃고 될 수 있으면 가까이 가고 맛있는 것이 있으면 같이 먹고 좋은 걸 나누려고 합니다. 미묘하지만 언어나 비언어의 여러 형태로 내가 사랑하는 마음을 상대방에게 던지고, 그가 그런 행동을 하게끔 조정합니다.

진짜 투사적 동일시는 무의식적으로 이루어집니다. 그래서 자신이 하는 행동을 인식하지 못할 때가 많습니다.

나는 한 번 아니면 아니야

생애 초기, 아이가 어릴 때 견딜 만한 좋은 것이 들어오고 감당할 수 없는 안 좋은 것이 들어오는 과정을 통해 아이는 점차 이를 적절하게 통합시켜나가지만, 도저히 견딜 수 없는 것이 지속적으로 들어오면 좋은 것과 나쁜 것을 통합시키지 못하고 파편화시킵니다. 도무지 통합할 수 없는 경우, 통합하는 것을 심리적으로 연습할 수 없습니다. 고통이 만성적으로 지속되고 그 크기가 크면 좋은 것과 나쁜 것이 있다고 보지 않고, 아빠는 완전히 나쁜 것, 엄마는 완전히 좋은 것이 되어버립니다.

내 것을 통합하지 못하고 파편화시켰던 사람들은 다음 사람을 만날 때도 파편화시킵니다. 누구를 만나서 조금만 좋으면 엄청 좋다고 하고 조금만 실망하면 관계가 끝이 납니다. 그런 사람들이 많이 쓰는 말이 있습니다. "저는 한 번 아니면 아닙니다." 자존감이 있다고 생각하고 하는 말이지만 사실 자존감이 낮은 사람이 주로 하는 말입니다. 이것을 대상관계이론에서 보면 "나는 분열이 심해서 통합이 안 됩니다"라는 뜻입니다. 이런 사람들은 무엇 때문에 그렇게까지 다른 사람에게 실망을 했는지 모릅니다. 마음에 걸리는 어떤 단서가 들어오면 관계는 끝납니다. 연애도 그렇게 끝납니다. 상대방은 왜 끝났는지 모르는데 그렇게 관계를 끝맺습니다.

극단적인 분열은 좋으면 감탄에 감탄을 합니다. 과도한 것이죠. 상담을 하는데 상담을 시작한 지 5분 만에 저에게 "대한민국 최고"라고 칭찬합니다. 그러다가 마음에 안 드는 게 있으면 금방 "기본이 안 되어 있으시네요"라고 합니다. 학부모 모임에서도 만나면 너무 잘 맞다고 감탄하다가 뭐 하나가 걸리면 인사도 하지 않고 없는 사람처럼 대합니다.

분열된 부모는 아이도 분열시키게 됩니다. 마음에 들면 감탄하고, 무언가가 거슬리면 매정하게 바라봅니다. 그런 사람은 아이에게도 악영향을 미칠 수밖에 없습니다. 옆에 있으면 마음이 놓이지 않고 함께 있으면 긴장이 계속 올라오게 만드는 것이죠.

부모가 보이는 대표적 분열은 아들과 딸에 대한 분열입니다. 아들은 무조건 귀하고 좋고 가진 것을 주어야 하고 딸은 귀하지 않고 그렇게 해주지 않아도 된다고 나눕니다. 요즘은 많이 없어졌지만 성별로 자녀를 내부에서 나누는 부모가 여전히 많습니다.

장남과 장녀, 다른 서열의 자녀도 극단적으로 나눌 수 있습니다. 큰딸이 지나치게 사랑받았다면 사랑받지 못한 둘째딸이 존재할 수밖에 없습니다. 건강한 부모는 각각의 자녀에게 적절한 사랑과 적절한 좌절을 함께 줍니다. 지나치게 좌절을 주지 않으려고 하는 자녀가 있다면 왜 그런지 살펴보아야 합니다.

심리적으로 자신이 받아들이지 못한 특성을 가진 자녀에 대해 부모들은 분노와 수치심을 느낍니다. 그래서 더 가혹해지고 격한 반응을 보이게 됩니다. 우리는 자신의 문제를 아이에게 던지고 아이가 잘못하고 있는 것이라고 주장합니다. 그러나 문제의 중심에는 자신이 있음을 돌아봐야 합니다.

난 완벽해 vs. 난 형편없어

이런 유형은 양극단의 분열이라고 볼 수 있습니다. 이상화는 자기나 대상이 완벽하다고 보는 것입니다. 그것과 맞은편에 있는 평가절하는 자기나 대상이 무가치하다고 봅니다.

건강한 사람은 누군가가 자기를 이상화시켜도, 자기 안에 약한 게 있음을 잊어버리지 않습니다. 평가절하가 되는 상황에서도 그 사람이 갖고 있는 좋은 것을 압니다. 관계 속에서 이를 통합할 수 있는 것이 성숙입니다. 그런데 이상화와 평가절하가 강한 사람들은 누군가를 봤을 때 이상화로 집어넣으면서 완벽하다고 하고 평가절하로 집어넣으면서 무가치하다고 생각합니다. 이런 양극성 때문에 불안정한 심리가 만들어집니다.

자기에 대한 평가도 다른 사람에 의해 좌우됩니다. 다른 사람이 나를 찬양하면 내가 아주 괜찮아지고, 나를 부정적으로 이야기하면 나락으로 떨어집니다.

자신이 이상화하는 사람을 곁에 두고 이어지고자 하는 경향이 있어서 그 사람과 연결되고 싶은 욕구가 강합니다. 그 사람의 것을 내 것으로 여기면서 거기에 속하면 안정감이 생기고 괜찮을 거라고 느낍니다. 이런 사람들을 살펴보면 이상화시키는 그룹이나 요소가 있습니다.

학부모 모임에 가면 속물적이지만 그 안에는 내가 이상화시키는 대상이 있습니다. 학교도 마찬가지입니다. 그 안에서도 엄청난 이상화와 평가절하가 있습니다. 특히 우리 사회는 그런 것을 나누어놓고 나도 그곳에 속하고 싶다, 그 안에 편입되고 싶다는 욕구가 많습니다.

내가 괜찮은 부분도 있지만 괜찮지 않은 부분도 있다는, 양면

이 동시에 내 안에 있다는 것을 받아들여야 합니다. 괜찮지 않은 내가 있다고 해도, 괜찮은 내가 망가지는 것은 아닙니다. 이상화와 평가절하를 통합시킨 것입니다.

예를 들어 이상화와 평가절하가 심하게 분열되어 있는 사람이 조직에서 보고서를 썼습니다. 상사가 보고서를 보더니 파트1, 2만 살리고 파트3은 빼자고 합니다. 예산과 시간 면에서 파트1, 2에 집중하는 게 효율적일 수 있다고 합니다. 대부분의 사람들은 고생했던 부분을 빼는 것이 아쉽고 속상하지만 수용할 겁니다. 그런데 이상화와 평가절하가 심한 사람은 상사가 하는 파트3이 효율적이지 않다고 빼자는 이야기를 들으면, 파트3을 삭제하는 게 아니라 나를 삭제한 것으로 여깁니다. 자기에게 있는 부정적 측면에 대한 피드백을 받아들이지 못합니다. 누가 조금만 부정적인 소리를 하면 질투한다고 생각합니다. 지나치게 팽창시켜놓은 자기를 과시하면서, 연약하거나 부족하거나 실수한 면을 받아들이기 어려워합니다. 이런 사람은 부정적 견해를 받아들이지 못합니다. 상담을 하거나 부모 양육에 대한 코칭을 해도, 실제로 부모와 아이 사이의 문제를 말하기 시작하면 상담이 이루어지지 않습니다. 이런 부모들은 문제에 대한 부정적인 평가를 자기에 대한 전면 공격으로 받아들입니다.

아이는 부모로부터 인정받고 싶어 하는 욕구와 이상화할 수 있는 대상을 따라가고자 하는 욕구를 가집니다. 아이가 건강한 자아를 갖지 못한 것은 부모가 공감적으로 반응하지 못한 데서 비롯됩니다. 한두 번의 공감적 반응의 실패가 아니라 2~3년에 걸친 만성적 실패에서 오는 것이죠.

심리적 병리는 아이에게 확고한 자아가 수립되기 전의 발달 단계에서 부모와 아이의 공감이 잘 이루어지지 않았을 때 발생합니다. 부모가 아이가 스스로 이룬 성취에 대해 느끼는 자긍심을 봐주지 않을 때, 아이로부터 관심이 멀어져 있거나, 적절한 칭찬을 갈망하는 아이의 욕구를 채워주지 못할 때 그렇습니다. 부모의 만성적인 무반응은 아이가 불안을 다룰 수 없게 만듭니다.

요즘에는 진정한 공감 없이 과도한 자기대상 반응을 받은 아이들의 문제가 심각합니다. 제가 상담을 통해 만난 아이는 부모가 두 번의 유산 끝에 귀하게 얻은 아들이었고, 부모뿐만 아니라 할아버지와 할머니까지 총동원되어 아이 양육에 참여하고 있는 상황이었습니다.

너무나 귀한 자녀였기에 온 가족이 '최고의 결과물'을 내기 위해서 가장 좋은 선생님들을 모셔와 다양한 학습 기회와 경험을 아이에게 제공하였습니다. 열한 살이 될 때까지 아이는 최고 중의 최고였고 온 가족의 찬사를 받는 주목의 대상이었습니다. 그러나 기대가 높아질수록 아이는 점점 학습에 흥미를 잃고 매사

무기력해져갔습니다. 그래도 가족의 찬사는 멈추지 않고 "천재," "최고"라는 말이 아이에게 주어졌습니다.

그러던 중 중학생이 된 아이는 미술대회에서 큰 상을 받았고 이것은 다시 한번 부모를 흥분시켰습니다. 부모는 전폭적인 지원을 통해 아이가 미술 분야를 전공하게끔 아이의 진로를 결정했고 아이에 대한 관심은 더욱 커졌습니다. 그 과정 속에서 아이는 더욱 불안해하고 이전보다 더 우울해졌습니다. 부모의 기대와 격려가 짐이 되었기 때문입니다. 아이는 부모가 바라보는 부풀려진 자신을 감당할 수 없었습니다. 아이의 상태를 제대로 보지 못한 지나친 격려와 과도한 집중이 오히려 아이의 잠재된 가능성을 약하게 만들었던 것이죠. 과자극된 자기의 취약한 모습이고요.

점점 자기애적 문제를 가진 아이들이 많아지고 있습니다. 자기중심적이고 과대자기가 지나치게 부풀려진 아이들과 상담을 진행하면 그 속에는 이러한 부모가 있음을 발견하게 됩니다.

대부분의 부모는 아이를 사랑하고 온전한 인간으로 성장시키기 위한 노력을 기울이고 있습니다. 하지만 내가 아이를 공감적으로 바라보는 데 실패하고 있지는 않은지 체크해보세요. 지나치게 공감적인 것도, 또 너무 공감이 부족한 것도 좋지 않습니다. 나는 어떤 공감적 태도를 보이고 있는지 돌아보기를 바랍니다.

8강

완벽한 부모
vs.
그럭저럭 괜찮은 부모

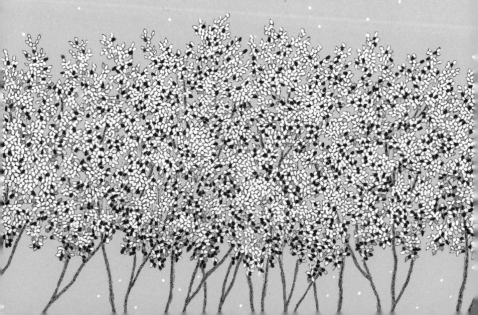

8강

—

아이와 나누는 효과적인 의사소통

아이를 위한 효과적인 의사소통은 앞에서 다룬 내용들을 기
반으로 실제생활에서 적용할 수 있는 방법입니다. 의사소통수단
에 언어만 있는 것이 아닙니다. 비언어로 일어나는 의사소통은
우리가 자칫 놓치기 쉽지만 너무나 중요합니다. 생애 초기에는
부모의 응시뿐 아니라 부모가 아이의 몸을 어떻게 다루었는지도
중요합니다. 거칠고 메마른 움직임이 아닌, 따뜻하고 애정 어린
손길은 자기의 신체 이미지와 자기 존중감을 형성하는 데도 영향
을 줍니다. 아이가 의식적으로는 기억을 못할지라도 몸의 감각이
기억하고 있기 때문입니다. 앞에서 말한 여러 심리적 기저의 긍
정적인 기능, 부정적 기능이 의사소통을 통해 전달되는데, 부모

의 상태와 태도가 건강하면 말이 좀 투박해도 괜찮습니다. 오히
려 말이 번지르르한데 아이에게 제대로 전달되지 않은 경우도 많
습니다.

너에 대한 진짜 내 마음, 진정성

진정성은 말 그대로 겉치레 없이 내적 경험과 외적 표현이 일
치하는 것입니다. 진정성이 없으면 매끄럽고 좋은 말을 하는 것
같지만 뭔가 거품이 많은 것 같고, 대단해 보이는데 공허하고, 부
럽지만 그렇게 살고 싶지 않습니다. 그렇게 미묘한 느낌을 주는
의사소통을 하는 사람들이 있습니다. 안과 밖이 다른 것이죠.

아이들과의 상호작용에서는 다른 관계보다 안과 밖이 일치하
기 때문에 민낯을 더욱 드러내게 됩니다. 남들에게는 보여주지
않는, 속에서 확 올라오는 걸 다 내놓곤 합니다. 그래서 관계를
훼손시키기도 하는데, 사실 그것은 진정성이 있는 게 아니라 지
나치게 반응적인 상호작용입니다.

우리는 대개 이런 반응적인 것을 솔직하다고 생각합니다. 화
가 나면 확 토해내고 뒤끝이 없다고 여깁니다. 감정을 받은 사람
은 당황스럽고 어떻게 처리할 줄 몰라 어리둥절한데 자기가 쿨하

다고 느낍니다. 쿨한 게 아니라 무례한 것이죠.

있는 그대로 다 내놓는다고 진정성이 있는 게 아닙니다. 진정성의 힘은 진짜를 경험하고 이야기하는 것입니다. 부모가 자기 안에서 일어나는 것들에 대해서 진실하고 일치성을 가지는 것입니다.

부모와 아이의 상호작용에서 좋은 것만 일어나지 않습니다. 좌절, 분노, 권태, 귀찮음도 있습니다. 아이에게 "네가 귀찮아"라고 이야기하라는 게 아닙니다. 잘 들여다보면 아이가 귀찮은 게 아니라 내가 우울한 것일 수 있습니다. 때로 우울은 내 이상과 현실의 차이가 너무 큰 경우, 바라는 건 많은데 지금 사는 모양이 마음에 들지 않아서 처져 있는 것일 수도 있습니다. 이럴 때 진정성 있는 말은 "엄마가 오늘은 마음이 힘들어서 네가 하는 것을 같이 하기가 어려워"입니다. 귀찮다는 건 무례한 거품 반응입니다. 내가 우울한데 모든 걸 다 설명할 수는 없으니까 "엄마가 힘이 달려, 못해줘서 미안해"라고 말해야 합니다. 그런데 "다 귀찮아, 너까지 왜 이러니?"라는 말은 아이에게 제대로 의사전달을 한 것 같지만 상대방의 입장에서는 당황스럽습니다. 자기에 대한 자각이 없으면 진정성을 발휘하기가 어렵습니다.

어떤 순간에 심하게 스트레스를 받아 아이에게 자신의 감정을 풀 수도 있다는 판단이 들면 "엄마가 참는 힘이 거의 바닥났어"란 말을 씁니다. '내가 일일이 설명할 수는 없지만, 네가 이 부정적인 감정을 받을 수도 있으니 조심해줘'라고 메시지를 보낸 것입니다. 다른 데서 힘든 일을 겪고 와서 마지막에 아이에게 쏟아내면 아이는 부당하게 당하게 됩니다. 우리는 분노해야 할 대상에게 분노하는 것이 아니라, 힘없고 약한 존재에게 분노를 갖다 버립니다. 그것도 주로 도망 못 가는 자녀들에게 버리는 비겁한 구석이 있습니다. 나도 어디 갖다버려야 하는데, 약하고 힘없지만 튕겨나가지 않는 아이들이 가장 먼저 보이기 때문입니다. 아이를 정서적 쓰레기통으로 이용하지 않아야 됩니다.

또한 부모가 아이가 감당할 수 없는 걸 이야기하는 건 폭력입니다. 부모가 죽겠다는 걸 처리할 수 있는 아이는 없습니다. 그런 말을 듣고 아무렇지 않을 아이가 있을까요? 아이는 너무 겁이 나서 견디는 척하는 것입니다. 속에서는 난리가 났는데 괜찮은 척하며 마음속 불안을 숨깁니다.

가끔은 너무 부적절한 부모 밑에서 훌륭한 자녀가 태어나는 것을 보기도 합니다. 하지만 확률이 희박합니다. 아이는 안전한 곳으로 가야 합니다. 받아내기 어려운 걸 아이에게 주지 않아야 합니다. 간혹 부부의 성관계로 인한 좌절을 자녀에게 하소연하며 말하는 부모를 봅니다. 우리는 부모의 성관계를 상상하지 않습니다. 아이가 감당할 수 없는 것입니다.

내 속에서 확 올라오는 걸 이야기하고 솔직하다고 우기지 말고, 진짜 일어나는 것에 대해 정직하게 경험하고 아이들과 소통하기를 바랍니다. 진정성은 사람들과의 관계에서 권위를 부여하고 힘을 줍니다. 있는 걸 있다고 하고 없는 것을 없다고 하는 솔직하고 일치된 사람에게 우리는 힘을 부여합니다. 전문가들에게 힘을 부여하는 이유도 이런 진정성을 발휘하기 때문입니다. 감정을 속이지 않고, 부풀리지 않고, 있는 감정을 없다고 하지 않고, 부정적 감정을 덮으려고 하지 않습니다. 그렇게 처리하기가 쉽지 않기 때문에 우리는 정직하게 감정을 처리하는 사람에게 영향력을 허락합니다.

아이에게 영향력을 끼치고 싶다면 우리 내부에서 일치를 연습해야 합니다. 감정과 행동에서 불일치하는 것을 느끼는데 느끼지 않는다고 하면서 왜곡하는 것을 계속 하다 보면 아이의 눈에는 부모가 점점 빈약하고 초라해 보입니다. 진정성은 기술이 아니라 태도입니다. 내가 정직하게 나를 보고 인식하고 아는 것에서 출발합니다.

제가 아이에게 종종 이야기한 것이 있습니다. "화를 길게 내면 안 돼." 그런데 어느 날 제가 화를 내는데 아이가 저를 보더니 "화가 너무 길어요, 엄마" 하는 겁니다. 제가 늘 강조하던 것을 아이에게 역으로 공격받았는데, "엄마는 지금 그럴 수밖에 없어"라고 하고 싶은 걸 꾹 참고 "그래, 엄마가 오늘 화가 길었네"라고 말했습니다. 그 말을 하기가 참 싫었지만, 그 순간 인정했습니다. 정말로 아이에게 영향력을 주고 싶으면 자신을 잘 보십시오.

진정성이 힘의 기초입니다. 상담자를 교육시킬 때도 진정성 확보를 위해 많은 노력을 합니다. 실제로 경험하는 것에 대해서 정확하게 이해하고 긍정적 경험이든 부정적 경험이든 일치성 있게 행동하고 경험하고 말해야 합니다. 그것이 진정성입니다.

너의 심정을 이해하는 것, 공감

공감의 중요성은 이제 너무나도 많은 부모들이 알고 있습니다. 공감은 너의 심정을 이해하는 것, 어떤 일을 경험했을 때 그 심정이 어땠을지 그 시선으로 눈 맞추고 이해하는 것입니다.

예전에 저의 아이가 방학하던 날이었습니다. 아이는 친구들이랑 놀고 싶었는데 엄마가 학원을 가라고 해서 속상했던 차였습니다. 엄마 말 때문에 억지로 학원을 갔지만 학원 문이 닫혀 있어 시간을 보낼 곳도 마땅치 않으니까 저한테 울음이 가득 섞인 목소리로 전화를 했습니다. 저도 일로 바쁜 상황인데 자꾸 전화가 오니까 처음에는 짜증이 났습니다. 그런데 어느 시점에 아이가 이것 때문에 얼마나 속상한지를 깨달았습니다. "네가 방학하는 날이라 친구들이랑 정말 놀고 싶었지만 엄마가 기어이 학원 가라고 해서 갔는데 문이 닫혀 있으니까 너무 속이 상해서 못 견딜 것 같은가 보다. 엄마가 학원 가라고 한 건 과한 욕심이었던 것 같아, 엄마가 잘못했네." 그러고 나서 한참 울던 아이가 문자를 보내왔습니다.

"엄마, 나 이제 괜찮아졌어요."

저도 이렇게 하기가 쉽지 않았습니다. 저도 아이에게 학원을 가라고 했을 땐 의도가 있었는데 이렇게 공감해주는 것이 어려웠습니다. 하지만 사과해야 할 때는 사과해야 합니다. 아이의 심정을 읽어주어야 합니다. 심정을 읽어주는 것만큼 위력이 있는 게 없습니다. 정말 그 아이가 이런 일을 겪었을 때 어떤 심정이었을지를 아이의 자리로 가서 그 심정을 읽어주는 것입니다. 물론 그당시에는 저도 소리를 지르고 싶었습니다. "학원 문 안 열었으면 도서관에 가라니까, 전화를 몇 번째 하니? 왜 이렇게 서럽게 울어, 누가 죽었어!" 속에서는 이런 말이 올라왔습니다.

공감이라는 것은 내가 직접 경험하지 않았는데, 상대방이 경험하는 감정을 똑같은 내용과 수준으로 이해하는 것입니다. 내가 그 자리에 있었으면 이랬겠다, 하고요. 마치 상대방의 안경을 쓰고 사물을 보는 것과 같이 상대방이 지니고 있는 느낌의 틀을 이용하여 그 사람의 생각과 감정을 이해할 수 있어야 합니다.

내 틀로 보면 안 됩니다. 저에게는 다른 틀이 있었습니다.

'다음 주에는 가족여행 가서 학원을 계속 빠져야 하니까 오늘은 가야지, 학원 문 여는 시간이 그렇게 늦을지 몰랐어, 그리고 난 지금 일로 너무 바빠, 그리고 아까 울었는데 왜 자꾸 또 울어?'

하지만 내 시선이 아니라 상대편 시선이 중요합니다. '아이들이 방학이라고 무리 지어서 다 같이 놀러가는 데서 혼자만 배제되어서 속상할 수 있겠다' 이걸 알아주는 것입니다. 네가 어떤 경험과 행동을 했을 때 이런 마음이었겠구나 하고 알아준다는 게 공감의 공식입니다.

사람들은 상대가 어렵거나 불편하거나 복잡한 걸 이야기하면 빨리 문제를 파악해서 문제를 해결해주려는 것에 익숙합니다. 특히 자녀에 대해서는 정서가 많이 얽혀 있기 때문에 아이의 심정보다는 내 심정을 설명하기 바쁩니다. 많은 부모들이 아이에게 사과를 못하는 이유가 자신의 입장이 더 복잡하기 때문입니다.

오랜 시간이 흘러 "엄마, 나한테 그때 그랬지? 왜 그랬어?" 하고 엄마한테 이야기하면, 대개 이렇게 말합니다. "기억도 안 난다. 그때 너보다 내가 더 힘들었다. 그때 사는 게 얼마나 어려웠는지 아니?" 그러면서 엄마가 얼마나 힘들었는지에 대한 내 이야기의 수십 배를 꺼내놓습니다. "나는 네가 그렇게까지 힘들었는지 몰랐다, 미안하다"고 말하면 되는데, 자신이 설명하고 이해받아야 할 맥락이 더 많기 때문에 사과할 수 없습니다. 그래서 심정을 읽어줄 수 없습니다. 이걸 우리가 아이에게 똑같이 합니다. 그래서 우리는 아이 맥락으로 들어가서 심정을 읽어주지 않는 거죠.

상담자가 문제가 생겨서 상담을 하러 왔을 때 문제를 해결해줘서 돈을 받는 게 아닙니다. 세상에는 해결할 수 없는 문제가 훨씬 더 많습니다. 책을 읽고, 강연을 듣고, 자신의 심리적 문제를 자각하고 해결하고 싶은데 쉽지 않습니다. 문제는 그대로입니다. 하지만 빈도나 강도를 줄이면 됩니다. 견딜 수 없는 형태로 자신을 밀어낼 것을 덜 밀어내면 됩니다. 그렇게 조절해가면 됩니다. 완전히 없앨 수는 없습니다. 문제가 만들어지는 데 수십 년이 걸렸고 사라지거나 재생하는 데도 시간이 많이 걸리고, 혼자서 할 수 없는 경우가 많습니다.

상담을 하면 상담자들이 문제에 대해 답을 선뜻 주지 않습니다. 내담자가 "어떻게 할까요?" 하고 물으면 상담자들이 "어떻게 하고 싶으세요?" 하고 오히려 되묻습니다. 자기가 선택한 걸 해야 하기 때문입니다. 그런데 상담자들이 가장 많이 해주는 게 공감입니다. "이럴 때 이런 심정이었겠네요" 하고요.

아이와의 관계를 좋게 만들고 싶으면 공감해야 합니다. 특히 어린 시절에, 아이 맥락에서 많이 공감해주어야 합니다. "힘들었어, 짜증이 났구나, 신났네, 기분이 좋다" 아이가 느끼는 형태의 공감이어야 합니다. "네가 이래서 진짜 마음이 많이 불편했겠네" 이렇게요.

그런데 내가 공감을 받아봐야 공감을 할 수 있습니다. '난 안 돼, 받은 적이 없으니까' 하고 지레 포기할 수 있는데, 많이 안 해도 됩니다. 지금보다 조금만 더 하면 됩니다. 답을 찾지 말고 심정을 알아주면 됩니다. 그러면 실제로 효과가 있습니다.

공감은 기술이 아니라 일종의 존재 양식입니다. 자신의 판단과 편견은 접어두고 상대 관점에서 보아야 하고, 상대방이 진짜 전하고 싶은 핵심 메시지에 귀를 기울여야 합니다. 무슨 이야기를 하고 싶은 거지? 뭘 알아주기를 바라는 걸까? 뭘 전달하고 싶지? 이것을 들여다보아야 합니다. 주의할 것은 공감에 대한 반응을 길게 하면 안 됩니다. 너무 속상했구나, 간단하게 심정을 읽어주는 것으로도 충분합니다.

우리가 조심해야 할 공감

공감에는 위력이 있습니다. 그런데 조심해야 할 것이 있습니다. 칼 로저스Carl Rogers는 상담에서 공감을 아주 강조한 학자인데 이렇게 말합니다.

우리가 똑같은 상황에 처하더라도 완전히 동일한 상황을 경험하는 것은 절대로 불가능하다.

아이에게 이렇게 말을 합니다. "내가 너를 모르겠니? 넌 내 손바닥 안에 있어." 이런 말은 역효과를 가져옵니다. 아이와의 관계에서 실패하는 지름길이기도 합니다. 물론 내 아이는 다른 사람보다 진짜 많이 아는 아이입니다. 내 품에서 열 달을 키웠고, 몸에 대한 접촉으로 온몸을 공유한 아이입니다. 아이와 나 사이에 역사가 있고 할 이야기가 많지만, 모르는 것도 있습니다. 이걸 인정해야 합니다. 그런데 "네가 어떤 마음인지 알아, 뻔해, 네가 하나를 이야기하면 난 백을 알아"라고 합니다. 아이가 나와 동일한 경험을 할 거라고 생각하면 안 됩니다. 아이는 나와 다른 존재입니다. 어린 시절에 내가 잠시 아이의 자기대상으로 옆에 있긴 했지만, 결코 내가 아닙니다. 우리가 이것을 엄격하고 진지하게 받아들여야 하는데, 다른 사람에게는 잘 되지만 자녀에게는 잘 되지 않습니다.

아이에 대해 공감을 할 때 조심해야 할 것이 또 있습니다. 우리가 가끔 모여서 어린 시절 이야기를 하다 보면 형제자매끼리도 부모에 대한 기억이 다릅니다. 동일한 상황을 보고도 똑같이 겪지 않는 것입니다. 내가 너를 알고 있다고 생각은 하지만, 똑같은 감정을 경험할 것이라고 생각하면 안 됩니다. 말은 쉬운데, 어떤 대상보다도 어려운 게 이 지점입니다. 관계를 실패하는 중요한 지점이기도 합니다.

로저스는 외국인을 보듯이, 동일한 상황을 보고 똑같은 걸 겪어도 경험하는 것이 다를 수 있다는 걸 자녀에게도 열어놓아야 한다고 합니다. 이런 마음으로 아이를 대하면 닫힌 관계가 열리게 됩니다. 공감의 힘은 대단해서 그다음 단계로 이어지는 계기를 만들어줍니다.

공감 없이 문제해결이나 변화를 시도하면 관계가 실패하는 것을 너무 많이 보았습니다. 특히 어린 시절일수록 공감이 중요하지만, 성인이 되고 나이가 든다고 해서 공감이 필요 없는 게 아닙니다. 누구나 공감받고 싶습니다. 한 번 떠올려보기를 바랍니다. 누가 던진 한마디에 가슴이 저릿하고 오래도록 여운이 남았던 경험이 있을 것입니다. '아. 맞아, 그렇구나' 하고 마음을 파고

듭니다. 그것은 대부분 정확한 분석이나 피드백이 아니라, 내 마음을 읽어주고 이해받았다는 공감 때문입니다.

진짜 하고 싶은 말을 듣는 것, 경청

말하지 않고 상대방의 말을 듣고 있다고 해서 모두 경청은 아닙니다. 눈을 쳐다보면서 다른 생각을 하는 건 경청이 될 수 없습니다. 경청은 듣는 것인데, 말하는 사람의 전체적 맥락을 경청하고 진짜 하고 싶은 말이 무엇인지 들어야 합니다. 위축된 아이들일수록 진짜 하고 싶은 말을 못합니다. A라고 말하면서 B를 원하는 경우가 많습니다. 그래서 주의 깊게 살펴야 합니다. 자기주장을 잘하는 아이들은 쉽게 이야기하지만, 그렇지 않은 아이들과 이야기할 때는 맥락 안에서 진짜 하고 싶은 얘기가 무엇인지 잘 들어야 합니다.

단어 외에 비언어적 몸짓, 어조, 억양, 음성도 중요한 측면이 될 수 있습니다. 부모가 첫째아이와 둘째아이를 대할 때 표정이나 톤이 다르면 부모가 누구를 좋아하는지 압니다. 자신의 비언어를 인지하고 고치는 게 중요한데, 이것은 자신의 내부가 바뀌어야 가능합니다. 자신의 비언어를 객관적으로 관찰해보면 좋은

데, 실제로 자신이 아이와 상호작용하는 모습을 직접 보면 놀랄 수밖에 없습니다.

상담자 교육 과정에서는 자신이 상담할 때 반응하는 모습을 촬영하게 합니다. 그러면 다들 촬영한 영상을 보고 나 아닌데, 합니다. 다리를 떤다든지, 손을 많이 쓴다든지, 미간을 찌푸린다든지, 경직돼 있다든지, 취조하는 듯한 눈빛을 드러낸다든지 하는 모습을 보게 되면 '나에게 이런 모습이 있구나' 하고 놀라게 됩니다.

아이와 상호작용하는 모습은 찍기 힘든데다가 내 모습을 찍는 걸 의식하는 순간부터 왜곡됩니다. 우리는 우리의 비언어를 관찰하지 못하는데, 타인이 관찰해서 이야기하는 경우는 주의해서 보세요. 그리고 앞에서 말한 자기이해, 긍정적인 상호작용의 원리들이 해결되면 언어가 달라지고 몸짓이 달라집니다. 그런 것을 자각하여 좋은 것으로 변환시키면 자기 안으로 들어와 내면화가 됩니다.

소리를 듣고 몸으로도 경청하기를 바랍니다. 이야기 도중 조정하거나 통제하려고 들지 마세요. 듣고 무슨 말을 할지에 대해 골몰하면서 듣지도 마세요. 진짜로 귀 기울여 아이의 많은 이야기를 듣기를 바랍니다. 경청은 네가 중요하다는 사실을 확인시키는 첫 번째 단계이자 좋은 관계를 형성할 수 있는 중요한 계기가 됩니다.

나도 살기 위해 한 행동이었어, 타당화

아이들의 행동도 어떤 맥락이나 상황에서 이해할 만합니다. 예를 들면 아이들이 동생이 태어나면 갑자기 안 하던 행동을 합니다. 엄마가 동생에게 젖 먹이면 네 살배기가 자기도 엄마에게 안겨서 젖을 먹겠다고 합니다. 그러면 "그건 아기 짓이야, 너도 예전에 먹었어, 왜 먹은 걸 또 해?" 하고 야단칩니다. 그런데 그 상황에서 아이는 큰 위기감을 느낄 수밖에 없습니다. 아이 입장에서는 강력한 라이벌이 나타나, 자기의 사랑이 뺏기는 듯하고 하늘이 무너지는 심정입니다. 그럼에도 뭔가를 유지하기 위해 그런 행동을 합니다. 그 아이의 맥락에서는 그게 타당한 것입니다. 아이에게 다시 젖을 주지는 않아도 네가 그런 마음에서 그럴 수 있겠다는 것을 이해하면 아이를 대하는 반응이 달라집니다.

어떤 사람이 자신을 볼 때 '눈치를 본다', '민감하게 눈치를 살핀다' 하면 이 점을 없애고 싶습니다. 그런데 눈치를 봤던 덕분에 살아남은 겁니다. 그때는 눈치를 보지 않을 수가 없었고, 눈치를 봐야 살아갈 수 있었습니다.

어떤 사람은 둔감합니다. 그런데 둔하지 않으면 살아남을 수 없었을 겁니다. 그 힘든 상황을 둔해서, 안 느껴서 살아남았습니다. 그것이 살아남은 최선의 전략입니다. 요컨대 우리 삶에서 떼어내고 싶거나 부정적으로 처리해서 보고 싶지 않은 대목이 삶의 어떤 시점에서는 살기 위해 최선을 다한 삶의 흔적입니다.

아이가 갑작스럽게 전에 없던 도벽이 생기는 경우가 있습니다. 아이의 상황을 살펴보니 부모가 이혼 위기입니다. 가족의 시스템이 망가질 것 같으면 아이는 무의식적으로 다른 문제를 일으켜서 시스템을 망가뜨리는 일을 중단시키고 자신에게로 에너지를 모으는 경우가 있습니다. 부모가 헤어지는 것보다는 내가 문제를 일으켜서 헤어지는 데 에너지를 쓰지 못하게 하려는 욕구가 무의식적으로 작동된 것입니다. 이 불안정함이 최선을 다해서 삶에서 뭔가를 지키려고 한 몸짓일 수 있습니다.

어쩌면 아이가 저렇게 되바라졌을까? 왜 저렇게 못됐을까? 가만히 보면 못되지 않고 살아남을 수 없는 이유가 있습니다. 왜 저렇게 자기주장을 못할까? 그런데 들여다보면 아이 앞뒤로 자기주장이 강한 사람들이 아이를 둘러싸고 있습니다. 문제행동이 살아남으려고 하는 행동임을 알아줄 필요가 있습니다.

그렇다면 알아주면 뭐가 달라질까요? 변화를 시도할 때, 맥락의 이해 없이 무작정 변화를 시키는 것과 최선을 다해서 살아남았던 삶을 이해하고 변화를 꾀하는 것은 문제를 다루는 방식이 다릅니다.

'눈치 보는 거 지겨워, 내 삶에서 뜯어냈으면 좋겠어'와 '내가 최선을 다해서 살아남으려고 눈치를 봤지, 그게 나를 여기까지 올 수 있도록 기여했지. 그런데 지금은 그렇게까지 안 해도 돼, 이제 그만해도 돼'는 똑같이 눈치 보는 나를 바꾸는 방식이지만, 전자는 가혹한 형태의 판단이 들어 있고 후자는 아주 중요한 친구를 다루는 방식입니다. 아이의 어려움을 다룰 때도 타당화가 필요합니다. 아이의 이해하기 힘든 어려운 행동이, 어떤 맥락을 찾아 들어가서 보면 최선을 다해 살아남으려는 삶의 전략이라는 점에서 수용해주고 이해할 필요가 있습니다.

상담을 해보면 내담자들은 이런 이해를 받았을 때 삶에 희망이 생기고 목표가 생긴다고 합니다. 아이들도 마찬가지입니다. 어쩌면 더 절실합니다. 아이는 부모에게 이런 이해를 필요로 합니다.

정서적인 돌봄의 의미

하인즈 코헛은 공감을 심리적 산소라고 했습니다. 산소가 없으면 숨을 쉴 수 없듯이 공감 없이는 심리적 세계에서 살 수 없다는 뜻입니다. 공감의 핵심은 정서를 알아준다는 것입니다. 저는 심정을 알아준다는 말을 특히 좋아합니다. 어린아이의 심정을 생각해보기를 바랍니다. 상대가 경험하는 바로 그 심정을 알아주는 것이 중요합니다.

놀라서 우는 아이에게 그깟 일로 우는 것 아니라고 강조하고 심하게 단호한 어조로 우는 아이를 야단칩니다. 약하면 안 된다는 부모의 신념에 걸려 아이의 심정을 보는 것에 실패합니다. 사실도 중요하고 신념도 중요하지만 정서적 돌봄이 없는 상태로 사실과 신념이 강조되면 산소가 없는 세상과 같아집니다.

양육에서 정서적으로 부모가 경험하는 불안은 주로 부모 자신의 것으로 보아야 합니다. 아이는 실수를 하더라도 불안해하지 않습니다. 한 번의 실수에 불안한 것은 아이가 아니라 부모입니다. 부모가 스스로 부모의 불안을 처리할 수 있어야 합니다. 정서적 돌봄을 위해서는 이 감정이 아이의 것인지, 부모의 것인지를 잘 구분하는 것이 필요합니다.

정서적 돌봄의 형태 중에 사과가 있습니다. 부모가 아이에게 사과하는 것은 어려운 일입니다. 부모의 권위를 유지하는 것과 아이를 존중하는 것 사이에서 균형을 잡기 쉽지 않기 때문입니다. 그러나 필요할 때 부모는 아이에게 사과할 수 있어야 합니다.

사과를 할 때도 너무 자극하거나 비굴하게 해서는 안 됩니다. 적절하게 해야 합니다. 사과할 때 변명을 위한 여지로 남기지 않아야 합니다.

"미안하다. 그런데~" 이렇게 하는 것은 무늬만 사과이거나 나를 변명하고 설명하기 위한 부분이 더 커서 엄격한 의미의 사과가 아닙니다. 또한 사과하면서 빨리 용서를 요구해서도 안 됩니다. 사과는 내가 하는 것이고 용서는 상대방의 몫입니다. 우리는 아이에게 매우 빠른 용서를 강요하는 경향이 있습니다. 그것 자체가 또한 폭력적일 수 있습니다. 내가 느끼는 것을 너도 동일하게 경험하라는 압력이 됩니다. 우리는 우리의 정서를 아이에게 강요하는 일에 조심해야 합니다. 사랑한다고 해서 나와 동일한 감정을 느껴야 하는 것은 아니기 때문입니다.

로저스는 말합니다.

본질상 전적으로 지적인 문제는 거의 없다. 또 문제가 단지 지적인 것에 불과하다면 상담은 필요 없다. 일반적으로 기본적인 것은 인식되지 않은 정서적인 요인이다.[21]

상담에서만이 아니라 아이와 부모의 관계에서도 단순히 지적인 내용이 아니라 정서적인 내용이 많이 들어가 있습니다. 심정

을 이해하거나 정서를 알아주는 것을 특히 초기 양육에서 신경을
써야 합니다. 아이의 심정을 읽어주고 공감해주고 반영해주는 것
이 매우 중요합니다.

퍼펙트 마더 vs. 굿 이너프 마더

아무리 좋은 이론을 많이 습득하고 거기에 맞춰 아이를 키우
려 노력해도 아이를 완벽하게 키우는 것은 불가능합니다. 인간을
완벽하게, 또 완전하게 키운다는 것을 어떤 기준에서 바라보아야
할까요?

모두가 동의하고 공감할 만한 완벽한 인간은 이 세상에 없습
니다. 그렇다면 부모는 어떤 기준을 가지고 아이를 키워야 할까
요? 양육의 가장 중요한 원칙은 아이가 태어나서 자기 본연의 모
습을 가지고 '자기'를 존중하는 자연스러운 인간으로 성장하게 돕
는 일입니다.

도널드 위니컷은 좋은 엄마에 대해 이렇게 말합니다.

좋은 엄마는 지나치게 완벽한 엄마Perfect Mother도 아니
고, 적절한 좌절을 제공하면서도, 반응하기보다는 존재하

는 엄마Existing Mother의 역할을 하는 것을 의미한다.[22]

위니컷이 우리를 위로하려고 한 말이 아닙니다. 위니컷이 생전에 6만 쌍에 달하는 아이와 엄마의 상호작용 사례를 관찰하면서 적절하기만 해도 충분히 좋은 엄마라는 결론을 내렸다고 합니다. 아기의 공생적 필요를 충족시켜주며 진심 어리게 심리적 자본을 제공해주되, 좌절을 주지 않는 엄마가 되려고 너무 애쓰지 않아도 됩니다. 내가 좌절을 주면 아이는 그 좌절을 통해 독특한 자신만의 색깔을 갖게 됩니다. 우리가 우리다운 색깔을 만들어내는 데는 좋은 것이 바탕이 되지만 그 속에는 우리 삶에 끼어든 고통과 좌절의 기여가 있다는 것을 기억할 필요가 있습니다. 아이의 삶을 완성해가는 것은 아이만의 힘에서 나옵니다.

완벽한 부모가 된다는 것은 다른 면으로 높은 불안을 경험한다는 말입니다. 불안은 어떤 감정보다도 전염성이 강한 정서입니다. 완벽한 부모는 아이에게 높은 불안을 전염시킬 가능성이 큽니다. 그런 의미에서 완벽한 부모는 건강한 모습으로 존재하는 것이 불가능할 수 있습니다.

제가 가장 강조하고 싶은 말은 완벽한 부모가 되지 않아도 된다는 것입니다. 다만 그럭저럭 괜찮은 부모면 됩니다. 사랑은 굿이너프하면 됩니다. 너무 완벽한 부모가 되려고 하지 마세요. 너무 완벽한 관계를 만들려고 하지 마세요. 내 아이에게 '엄마 아빠가 항상 그 자리에 있구나', '돌아갈 내 편이 있어'라는 안정된 믿음만 주어도 충분합니다. 너무 겁먹지 말고, 엄마로서 아빠로서 노력하고 있는 자신에 대해 자부심을 가져도 좋습니다.

"완벽한 부모가 되지 않아도 됩니다.
다만 그럭저럭 괜찮은 부모면 됩니다.
사랑은 굿 이너프하면 됩니다."

참고 문헌

38쪽 1. Runkel, H. E.(2008). Screamfree parenting: The revolutionary approach to raising your kids by keeping your cool. WaterBrook Press.

47쪽 2. 아빈저 연구소 (2004). 상자 안에 있는 사람 상자 밖에 있는 사람 (이태복 역), 물푸레.

60쪽 3. Ellis, A.(1999). How to control your anxiety before it controls you. Citadel Press.

75쪽 4. Yalom, I., with Leszcz, M.(2005). The theory and practice of group psychotherapy. New York: Basic Books.

76쪽 5. St Clair, M.(2009). 대상관계이론과 자기심리학(제4판) (안석모 역), 시그마프레스. (원저 2004년 출판)

80쪽 6. Winnicott, D. W.(1965). The theory of the parent-infant relationship. In D. W. Winnicott (Ed.), The maturational Processes and the facilitating environment (pp.37-55). London: Hogarth Press.

82쪽 7. Hamilton, N. G.(2008). 대상관계 이론과 실제: 자기와 타자 (김진숙, 김창대, 이지연 공역), 학지사.

88쪽 8. Sullivan, H. S.(1953). The interpersonal theory of psychiatry. New York: Norton.

99쪽 9. Greenberg, J.(1999). 정신분석학적 대상관계이론 (이재훈 역), 한국심리치료 연구소. (원저 1983년 출판)

105쪽 10. Bowlby, J.(1988). A secure base: Clinical applications of attachment theory. London: Routledge.

117쪽 11. Hamilton, N. G.(1999). Self and others: Object relations theory in practice. Jason Aronson, Incorporated.

122쪽 12. Hazan, C., & Shaver, P. (1987). Romantic love conceptualized as an attachment process. Journal of personality and social psychology, 52(3), 511-524.

123쪽 13. Rom, E., & Mikulincer, M.(2003). Attachment theory and group processes: the association between attachment style and group-related representations, goals, memories, and functioning. Journal of personality and social psychology, 84(6), 1220-1235.

143쪽 14. Bion, W.(1962). Learning From Experience. London: Heinemann; Karnac (1984).

145쪽 15. Kohut, H.(1977). The Restoration of the self. New York: International Universities Press.

188쪽 16. Kohut, H.(1971). The Analysis of the self. New York: International Universities Press.

191쪽 17. 최영민 (2011). 쉽게 쓴 자기심리학, 학지사.

199쪽 18. Mahler, M. S.(1967). On human symbiosis and the vicissitudes of individuation. Journal of the American Psychoanalytic Association, 15(4), 740-763.

201쪽 19. Freud, A.(1965). Normality and Pathology in Childhood. New York: International Universities Press.

205쪽 20. St Clair, M.(2004). Object relations and self psychology: An introduction. Thomson Brooks/Cole Publishing Co.

249쪽 21. Rogers, Carl Ransom, Yalom, Irvin D. (1995). A Way of Being. Mariner Books.

251쪽 22. Winnicott, D. W.(1989). Winnicott, R. Shepherd and M. Davis, eds, Psychoanalytic Explorations. London: Karnac; Cambridge, MA: Harvard University Press.

관계의 힘을 키우는 부모 심리 수업

© 권경인, 2023

초판 1쇄 펴낸날 2023년 4월 3일
초판 6쇄 펴낸날 2025년 1월 8일

지은이 권경인
펴낸이 배경란 오세은
펴낸곳 라이프앤페이지
주소 서울시 종로구 새문안로3길 36, 1004호
전화 02-303-2097
팩스 02-303-2098
이메일 sun@lifenpage.com
인스타그램 @lifenpage
홈페이지 www.lifenpage.com
출판등록 제2019-000322호(2019년 12월 11일)
디자인 파도와짱돌, 이민재
표지그림 이영지

ISBN 979-11-91462-19-7 (13590)